OBSERVATIONS

SUR

Le Fumier de Basse-Cour, les Engrais artificiels, la Construction des Granges, et le Labourage profond.

TYPOGRAPHIE ET LITHOGRAPHIE DE A. APPERT,
PASSAGE DU CAIRE, 54.

OBSERVATIONS

SUR

Le Fumier de Basse-Cour, les Engrais artificiels, la Construction des Granges, et le Labourage profond.

> En effet, Messieurs, placés à la tête de la civilisation par les idées, nous semblons avoir la paresse des choses, la tiédeur des applications, l'impuissance de l'initiative ; ne soyons en rien les *traînards du progrès*.
> M. DE REMILLY, Député de Seine-et-Oise.

PRIX : 2 Fr.

Paris

A LA LIBRAIRIE AGRICOLE DE Mᵐᵉ Vᵉ BOUCHARD-HUZARD,
7, RUE DE L'ÉPRON-ST-ANDRÉ.

1847.

« Lorsqu'on se trouve inférieur à autrui, on peut dé-
« sirer constater la manière d'atteindre à son tour à la
« supériorité, et quand l'avantage est évidemment de notre
« côté, nous pouvons légitimement nous en féliciter. »

(COLEMAN.)

À Monsieur le Comte Du Manoir,

PROPRIÉTAIRE DU DOMAINE DE FORGES,

PRÈS MONTEREAU (SEINE-ET-MARNE).

Monsieur le Comte,

Les premières observations que j'ai eu l'honneur de vous adresser sur le *Dessèchement des Terres* paraissant avoir excité quelque attention, je crois devoir m'étendre un peu plus sur quelques points de l'agriculture, qu'on reconnaît être à présent l'intérêt dominant de l'État : et cela doit être, puisque c'est la base de tous les autres intérêts. Peu de personnes sont pénétrées de leurs obligations envers l'agriculture, et il est difficile d'apprécier l'étendue de ces obligations : Le pain quotidien de l'homme, ses aliments, ses vêtements, ses objets de luxe, sa demeure, tout vient de la terre. C'est dans l'agriculture que se trouve le matériel du commerce et des manufactures : son influence est incalculable et immense : Enfin, aucun sujet ne réclame plus l'attention de l'économiste, de l'homme d'état, et du philanthrope. Cependant, il existe des personnes qui ne peuvent rien découvrir au-delà des limites restreintes de leurs vues, qui refusent obstinément de croire à l'existence de ce qu'elles ne voient pas, ou qu'elles n'ont pas vu : et c'est à cette classe aussi qu'appartiennent ceux qui non-seulement ne peuvent pas voir, mais qui ne veulent pas voir.

Le propriétaire se trouve ainsi placé souvent dans une

position difficile, ou parce que ses connaissances sur la matière sont limitées, ou parce qu'il a conçu des opinions exactes, mais ne s'accordant pas avec la coutume de ses voisins; il peut même arriver qu'en cherchant à faire des améliorations, il rencontre des obstacles de la part de ses fermiers, ou de ceux qu'il emploie, dont l'aversion pour tout changement résulte probablement d'impressions locales, et non fondées sur l'observation générale. Comment l'homme qui n'a pas voyagé dans d'autres pays, ni regardé autour de lui, pourrait-il être juge des meilleurs systèmes? Et pourtant il y a de ces hommes qui ne se sont jamais éloignés de leur département, et qui s'érigent en maitres sur toutes ces questions, donnant leurs propres moyens comme les meilleurs, et soutenant que tout ce qui est *nouveau* est vicieux et absurde! On les entend dire avec assurance qu'un homme, né avec de la fortune, est moralement dans l'impossibilité d'avoir une intelligence suffisante pour s'occuper avec succès des travaux d'un fermier; et, de plus, ils regardent avec mépris ceux qui font des expériences, au lieu de se montrer reconnaissants envers eux pour ce qui devrait leur servir d'avertissement, ou produire des résultats avantageux; et ils restent dans cette erreur en présence de faits incontestables.

En fait d'agriculture, il y a bien des choses à apprendre, qu'on sait à peine en France, et qu'on pourrait y transmettre avec avantage. L'Angleterre offre dans ce moment, par l'application de la science à l'agriculture, l'exemple le plus frappant dont aucun siècle en aucun pays ait jamais été témoin. La pratique de l'agriculture et la philosophie de l'agriculture sont des objets d'un intérêt général : Des hommes de tous les grades et de toutes les conditions, en Angleterre, s'occupent de cette grande cause.

Les intelligences les plus vastes dirigent leurs talents vers des questions d'agriculture, et elles sont secondées dans leurs efforts par les classes les plus humbles : tant d'esprits, concentrant leurs lumières sur le même point, doivent être sûrs de l'éclairer d'un éclat extraordinaire.

Heureusement pour la France, la grande masse d'agriculteurs commence à ouvrir les yeux sur la nécessité des améliorations, et elle est prête à encourager les efforts de ceux qui se dévouent à cette cause.

Si l'on porte son attention sur les granges, on y trouvera de nombreux exemples des difficultés et du manque de système.

Dans beaucoup d'endroits, les fermiers ont des idées très discordantes sur ce point : Ainsi, un fermier demande à un propriétaire de grandes granges, tandis qu'un autre, plus sage, se montre plus satisfait d'en avoir une petite établie sur de bons principes. Quoiqu'il ne dût point exister de doute à ce sujet, pour des hommes de saine pratique, pourtant il ne paraît pas que des règles fixes aient été adoptées par ceux dont l'opinion aurait du poids et ferait autorité. S'il était établi en principe qu'une grange en proportion d'une quantité donnée de terre labourable fût tout ce qu'un fermier a le droit de demander, que de peines et de dépenses on pourrait s'épargner, surtout s'il était reconnu qu'une petite grange, avec une machine de la force d'un cheval, est suffisante pour toutes les exigences d'une grande étendue de terre à blé. Les granges sont toujours coûteuses, et souvent quatre fois plus grandes qu'il n'est nécessaire, imposant des dépenses inutiles au fermier pour les maintenir en bon état, et offrant au propriétaire un prétexte pour demander un fermage hors de proportion avec la valeur de la propriété. Ainsi, non-seulement on sauverait une forte dépense, mais le fermier s'apercevrait que sa récolte lui donne un meilleur retour que lorsqu'elle est battue avec un fléau, après être restée longtemps dans une grande grange.

On n'est pas d'accord non plus sur la manière de nourrir le bétail, et l'on se demande si ce bétail doit être attaché ou libre? Un fermier prétend qu'il n'est pas naturel de l'attacher (oubliant que l'animal est nourri artificiellement); un autre qu'on ne fera pas autant d'engrais que s'il était en liberté dans la cour; tandis qu'un autre dit que s'il est nourri en place il n'a point assez d'air frais, et que par conséquent il n'est pas aussi bien portant qu'il le serait étant libre. Cependant toutes ces questions sont faciles à discuter, et elles pourraient être résolues par des autorités compétentes.

En cherchant à établir toute une rangée de bâtiments de ferme sur une échelle donnée, pour convenir à toute espèce de fermes, il y a généralement une ou deux grandes difficultés à surmonter. Dans quelques arrondissements, les fermiers ont une surabondance de paille; et, se trouvant à une distance éloignée de grandes villes, il leur est difficile d'en faire usage et de la faire servir à l'engrais. Il y aurait peut-être de la présomption à dire que cette difficulté provient d'une mauvaise administration; mais la présomption cesse quand on considère les divers moyens dont on peut employer la paille, et comment en la coupant pour la mêler avec d'autres aliments, comme le tourteau, le blé, des graines, des navets, et une petite portion de foin, elle peut aider ainsi à produire de bonne viande, et suppléer au manque de foin, et enfin améliorer de beaucoup la valeur de l'engrais, augmenté considérablement de cette manière. Pourtant l'habitude d'avoir de grandes cours remplies de paille, qui y reste tout l'hiver et se pourrit, ne saurait guère être approuvée, quelque grande que soit la quantité de paille. Sa valeur, comme engrais, est faible, et les récoltes, dont le produit dépend de son efficacité, manquent.

Pour des fermes, où il y a peu de terre labourable en proportion de la terre herbagère, l'économie de paille est d'une grande importance; et le fermier, particulièrement dans le mauvais temps, a bien de la peine à se procurer assez de litière pour tenir ses bestiaux en bon état et propres. Ainsi, il est très-difficile d'établir une localité convenable pour deux locataires dans des positions si différentes. Mais malgré ces difficultés, on pourrait encore arriver à ce but, après des principes fixes, quant à la situation et à la dimension des bâtiments, qui, bien que réglés par l'étendue de la ferme, doivent cependant s'accorder avec le plan général.

A cet égard, je crois ne pouvoir mieux faire que d'appeler votre attention sur les bâtiments d'un fabricant intelligent, quelle que soit son industrie.

Observez la disposition judicieuse des lieux, tant pour l'économie du temps que pour le travail pourvu d'excellentes machines, conçues de manière à être accessibles à tout ce qu'on en attend, et par cette combinaison de puissance, produisant les choses en peu de temps, avec le moins de dépense possible, ce qui met ainsi le fabricant à même de vendre à des prix avantageux.

Pourquoi, je le demanderai, ne serait-on pas dirigé par les mêmes vues dans la construction et les dispositions des bâtiments d'une ferme? Pourquoi des machines perfectionnées de toute espèce ne seraient-elles pas adoptées pour donner les moyens, non-seulement de diminuer la somme du travail manuel pour le fermier, mais encore d'épargner au propriétaire la dépense voulue pour la construction de bâtiments grands, mal conçus et coûteux, comme on n'en voit que trop?

A la question des machines se rattache une autre considé-

ration très importante, celle de la position où la grange doit
se trouver. Pour que la force serve à tout, elle devrait être
au centre de la localité, et non en dehors, comme c'est ordinairement le cas. Cette position étant adoptée, les différentes pièces ou compartiments qu'exigent les machines,
seraient en face; c'est-à-dire qu'on introduirait des arbres de
la machine dans les différentes pièces pour le foin, la paille
hachée, les navets, le tourteau et le blé; la machine à battre
et à vanner serait placée dans la grange, la machine (mue
par la vapeur ou par un cheval), se trouverait entre ces bâtiments et la grange, les arbres passant sous terre; et en
réunissant ou isolant les tiges, tout ou partie des machines
pourrait fonctionner à la fois. Indépendamment de ces avantages, la sûreté des objets contenus dans la grange sera plus
grande, celle-ci étant placée au centre de la localité. Il conviendrait de l'élever sur des dés surmontés de chapiteaux
en pierre ou en fonte, et il serait bon que le plancher fût en
planches; de cette manière, le grain ne sera pas exposé à
à prendre de l'humidité ni de l'odeur, et les rats et les souris
seront éloignés efficacement, à moins qu'ils ne soient appor-
tés avec les gerbes.

La grange devrait être d'une dimension suffisante pour
contenir d'un côté une meule de blé en gerbe, d'environ 700
hectolitres de grain, tandis que l'autre côté serait assez grand
pour recevoir la paille : en faisant les meules sur cette
échelle, une grange de cette dimension tiendra lieu d'une
beaucoup plus grande. Cette économie dans la construction
profitera au propriétaire, sans léser le fermier; et il ne saurait y avoir de doute parmi les hommes pratiques, que le blé
en meules est toujours meilleur, que celui tenu dans des
granges, et qu'il se vend à un prix plus élevé au marché.

En parlant des progrès graduels des instruments aratoires, il est facile de voir l'amélioration constante qu'ils ont

subie, dans tous les temps et dans tous les pays à mesure que l'agriculture a avancé, et l'état stationnaire où ils sont restés dans les pays où la science de l'agriculture est négligée ; il semblerait même qu'il existe une liaison intime entre l'établissement de la liberté des pensées et de l'action, et les progrès des arts agricoles et de la vie agricole, ceux de tous les genres de vie qui conduisent le plus certainement à la santé, à la vertu et aux jouissances de la vie.

Examinons maintenant la pratique suivie dans la commune de Forges, et jusqu'à quel point on pourrait avancer, quoique par des degrés faibles, vers une amélioration progressive, et promettant un ample dédommagement pour les capitaux dépensés. La première chose qu'on remarquera généralement, c'est la presque entière absence des prairies artificielles de toute espèce. On rencontre des jachères sur la plupart des fermes ; et de cette manière, tandis qu'une année est perdue pour le fermier en productions importantes, il n'en a pas moins son loyer et ses contributions de toute nature à payer ; et il continue à se livrer à un genre de culture entièrement abandonné dans tous les lieux où l'agriculture est bien comprise et bien pratiquée. L'intention de la nature n'a jamais été que la terre restât oisive : la disposition qu'elle montre, en restant dans cet état, à faire croître toutes sortes d'herbes, indique assez qu'il ne faut que la perspicacité de l'homme pour vaincre les difficultés qui se présentent dues à la nature du sol, et lui faire rapporter chaque année des récoltes qui profitent également à la terre et au fermier.

Les objections élevées contre la pratique consistant à faire des récoltes à racines sont, d'abord, qu'en raison de la dureté de l'argile, il est difficile de la bien pulvériser, ou, en d'autres termes : « de rendre la terre assez écrasée ou fine pour cet objet. » Une autre raison, c'est que si l'on cultive des navets, le sol ne permet pas d'y parquer des moutons, ni qu'ils s'y nourrissent. Cette première objection peut être fondée dans certaines années, lorsque la terre reste non séchée; mais dans les lieux où elle a été entièrement desséchée, il n'y a pas de motif pour qu'elle ne soit pas toujours rendue assez fine, ou qu'on n'obtienne pas d'excellentes récoltes à racines de toute espèce.

On peut avancer avec confiance que dans les terres où les récoltes à racines sont convenablement cultivées et consommées dans la ferme, le locataire ne sera pas longtemps à s'apercevoir qu'il a grandement augmenté tous les autres produits de sa terre, en ajoutant à ses propres ressources, et opérant avec justice envers son propriétaire l'amélioration de la culture de sa terre.

Il n'est peut-être pas mal à propos de faire quelques observations sur la méthode la plus estimée pour la culture des navets; et à cet égard nous commencerons par demander si ce n'est pas un sujet trop fréquent de calcul parmi la grande masse des agriculteurs en France que de savoir comment on peut les obtenir avec le moins de dépense possible. Le moyen le moins cher est-il le meilleur et celui que la pratique bien entendue réclame? Il est bon de s'entendre sur ce point. Si une bonne récolte de navets est assurée, on en conclut que la culture qui suit (lorsque la terre est parquée), est dans un état à donner toutes ses récoltes sans qu'on ait besoin de plus d'engrais, et ainsi les orges, les avoines, les semences et le blé, etc., viendront à leur tour; car la terre étant bien fumée et préparée pour les navets, peut porter ces récoltes sans autre assistance.

Dans diverses publications du jour, on parle de récoltes très considérables de navets obtenues à bien peu de frais, tant pour le prix que pour la quantité d'engrais. Assurément on ne peut pas faire de récolte de navets sans engrais

et par conséquent, cette même récolte qui doit servir à re-
donner la vie à la terre et à la mettre en état de fournir des
céréales, ne lui a procuré que l'engrais suffisant pour la sti-
muler pour une récolte de navets : et après cette récolte, on
la trouvera dans le même état d'épuisement où elle était
avant d'avoir été préparée pour des navets. Un fort parcage,
en ajoutant du tourteau, suffit à peine pour lui donner la
force de satisfaire aux céréales d'usage. En préparant une
récolte de navets entièrement avec de l'engrais artificiel, on
n'ajoute aucune matière végétale, aucun volume, aucune
force vitale à la terre ; c'est comme la goutte du matin qui
stimule momentanément le buveur, mais qui vient ajouter
au mauvais état permanent de sa santé. Personne ne peut
nier la valeur de nombre d'engrais artificiels, dont on a retiré de grands avantages ; mais on peut affirmer qu'en les
employant seuls ils finissent par être plus nuisibles que pro-
fitables au sol. La terre exigeant certaines qualités chimiques combinées pour produire de bonnes récoltes, assurément on ne trouve pas dans les engrais artificiels, tels que le
guano et autres de cette nature, la quantité nécessaire de matière végétale : et si l'on ne compte que sur ces genres d'engrais, on épuisera bientôt l'ingrédient utile au sol.

On attribue trop souvent le manque de récoltes de navets
au mauvais temps et à bien d'autres raisons, quand le défaut de savoir, et une trop rigide économie dans les quantités d'engrais nécessaires, sont les causes les plus probables
de ces fâcheux résultats.

Il y a un vieux proverbe qui dit « que l'or peut être acheté
trop cher. » Mais on ne saurait l'appliquer à la culture
des navets, dont la production est la clé de toute bonne
entreprise en agriculture.

On prétend encore qu'il est inutile de semer des navets,
avec la certitude d'avoir une récolte, si la terre n'a pas été

suffisamment pulvérisée et bien travaillée pour y déposer la graine ; ensuite, qu'on devrait constamment mêler du charbon avec la graine (1) ; et enfin qu'on devrait jeter du sel après que les navets sont semés. Ces moyens servent à faire filtrer une certaine quantité d'humidité, d'après la nature de ces ingrédiens, vers les plantes, de sorte que, dès le principe, elles pourront pousser sans être attaquées par les insectes ; et même en temps secs, elles peuvent exister jusqu'à ce que la pluie arrive.

La première méthode pratiquée pour mieux assurer cette récolte, c'est de scarifier la terre immédiatement après l'enlèvement des céréales ; et la portion destinée à y semer du seigle ou de la vesce doit recevoir une demi-fumure, et ensuite on y fait brouter les moutons. Il faut ensuite y répandre de la poudre d'os, à raison de quatre boisseaux par arpent, avant de labourer la terre. Après l'avoir bien préparée, on y sème un quintal et demi de guano, par arpent, mêlé avec de la cendre, et on laisse ainsi les choses pendant une semaine. Le premier jour de temps convenable, on sème les navets avec une forte quantité de charbon ; on herse bien, et l'on jette sur la terre deux quintaux de sel. Il y a deux raisons pour laisser la terre reposer pendant une semaine après qu'elle est prête et que le guano y a été semé : d'abord, c'est pour que le guano s'amalgame bien avec le sol ; car si avant cela, il venait à toucher la graine de navet, il la détruirait infailliblement ; tandis que d'autre part les jeunes plantes seront bien moins exposées à être dévorées par les pucerons quand elles commencent à pousser ; car on a souvent remarqué que le puceron paraît dans la huitaine de l'époque où la terre est prête et laissée en

(1) *Journal de la Société Royale d'Agriculture d'Angleterre*, vol. viij, partie 1ᵉ, page 280.

repos ; et si les navets sont semés en même temps, les pucerons et les navets paraissent ensemble, et la nourriture de
l'insecte fait la destruction de la plante ; tandis que si le
puceron vient avant que l'on ait semé les navets, il aban-
donne la terre ou meurt de faim.

Dans les terres où l'on ne sème pas du seigle ou de la
vesce, la première méthode d'enlever le chaume du blé est
la même, et l'habitude est de transporter, dans l'hiver, du
fumier sortant des cours en quantité suffisante pour faire
une demi-fumure ; on laboure la terre aussitôt, aussi profondément que possible, et on la laisse ainsi jusqu'à l'approche du printemps. Pendant ce temps, le fumier a pourri
complètement et il s'est mêlé avec la terre qui, après avoir
été labourée et rendue légère par le gros fumier, a subi les
influences des gelées, et travaille avec beaucoup plus de facilité que ne le fait généralement la terre au printemps. On
sème ensuite six boisseaux de poussière d'os par acre, et le
champ est labouré en travers.

Après cela, on s'apercevra que la terre n'a pas besoin
d'autre ni de troisième labourage dans le cours général des
saisons.

À l'aide d'un instrument appelé : « *Écrase-mottes de
Croskill*, » et qu'on emploie comme la herse, on parvient à
pulvériser entièrement la terre. Ce rouleau breveté, en Angleterre, trouvera un approbateur dans tout fermier qui en
a fait l'essai un seul jour, et les abondantes récoltes de la
moisson suivante en prouveront encore mieux les avantages. Grâce à son usage, la quantité augmente, et la qualité
est supérieure, pour tous les grains et les herbages. On a
fait de belles récoltes sur des terres fortes, qui ne produisaient rien avant de s'en être servi. Il peut rouler plus de
huit acres de terres par jour.

Voici ses divers avantages :

1⁰ Dans des terres légères semées en blé, il fait recevoir à la plante, au printemps, un plus grand appui du sol : la surface est bien hersée, et protégée contre les froids vifs. Il forme de petits monticules, et empêche les vents de laisser la plante à nu. Nombre de fermiers roulent leur grain cinq ou six fois, jusqu'à ce que la plante ait six pouces de haut ; cela vaut mieux que l'usage de la houe, car la racine, en se fixant dans le sol, produit une plante forte et saine. Il est de bon usage ;

2⁰ Pour écraser les mottes, après la récolte de navets, pour semer de l'orge ;

3⁰ Pour rouler l'orge, quand les plantes ont trois pouces hors de terre ;

4⁰ Pour arrêter les ravages des insectes ;

5⁰ Pour rouler les terres herbageuses, surtout celles couvertes de mousses, après l'engrais ;

6⁰ Pour préparer la terre pour semer des navets, du trèfle, etc. ;

7⁰ Pour rouler les navets en feuilles, avant de les houer, lorsque les plantes sont attaquées par des insectes ;

8⁰ Pour rouler le trèfle ou le chaume d'orge, dans l'automne, l'hiver, et encore au printemps, lorsque la plante est sur le point de sortir de terre ;

9° Pour rouler le grain aussitôt qu'il est semé sur une terre légère, et sur des terres fortes qui sont motteuses, avant de herser.

Avec cet instrument, le plus utile qu'on ait jamais inventé, on n'éprouvera jamais de difficulté à pulvériser suffisamment la terre. On étendra ensuite le guano, et l'on fera comme il a été dit pour le seigle et la vesce.

Ces deux méthodes ont été jugées supérieures à toutes les autres essayées déjà, en ce qu'elles tendent, non-seulement,

et avec plus d'aisance et de certitude, à assurer la récolte,
mais aussi parce qu'elles donnent plus de produit.

La culture des carottes présente quelque différence ; les
carottes étant enlevées de la terre, et étant d'une nature qui
épuise, comme récolte, on a l'habitude de les faire après
l'orge. Dans l'automne, après avoir nettoyé la terre, on y
sème huit à dix boisseaux de poudre d'os par acre ; on la
laboure et la laisse ainsi jusqu'en mars ; et alors on la laboure en travers, et l'on fait en tout, comme pour les navets, en sorte qu'on peut planter les carottes en avril, en
ajoutant un quintal de plus de guano, ce qui fait en tout
deux quintaux et demi à trois quintaux. Les raisons pour
cette différence de culture sont : que la terre à orge ayant
été bien parquée avec des moutons lorsqu'elle était en navets, est en meilleur état que ne l'est la terre à blé lorsqu'elle
est préparée pour cet objet, et par conséquent elle n'exige
pas autant de fumier ; et, en outre que, comme la culture des
carottes est d'une nature qui épuise, une demi-fumée, après
qu'elles ont été enlevées, rétablira suffisamment la terre et
assurera une bonne récolte de froment. Si cette méthode n'est
pas la moins chère, elle est la plus sûre, et parconséquent
la meilleure pour la terre bien desséchée, sans quoi tous les
soins qu'on peut prendre pour préparer et appliquer les engrais, ne rendront jamais le sol fertile ; car, mettre une fu-
mure dans un sol humide, c'est vraiment perdre son argent.
Quand un sol est saturé d'eau, l'air est exclu des racines
des plantes, et il ne peut agir sur l'engrais ; tandis qu'une
température basse, produite par l'évaporation continuelle
de la surface, exerce un effet puissant de plus pour retarder
le progrès de la végétation.

Toute la question se résume donc en celle d'un système
de dessèchement. Il y a certainement beaucoup à faire en
agriculture en France ; mais les connaissances acquises à

cette époque sur tous ces sujets en font une simple question de fait et de certitude, et non de doute, quant à ses résultats ; si les moyens manquent pour arriver à des améliorations établies sur des bases larges et promptes, que le fermier et le propriétaire fassent un pas vers un commencement : on ne dessécherait qu'un arpent sur chaque ferme par an, que ce serait déjà une grande avance dans la bonne voie ; on obtiendra très vite un résultat avantageux, qui servira de stimulant et portera à faire des efforts pour mettre à exécution ces pratiques essentielles, en faisant écarter toutes ces difficultés. Ce n'est pas seulement la réduction des fermages ou leur abandon qui peut sauver le fermier ou le placer dans une meilleure condition ; car la première mauvaise saison, d'après le système qu'il suit à présent, le laissera dans une position aussi fâcheuse qu'auparavant ; et ce n'est que par l'introduction d'un dessèchement efficace et bien appliqué, par une succession régulière de récoltes, par l'absence complète de peupliers sur les terres labourables, et des fermes plus étendues en terres, avec une classe de fermiers éclairés, qu'on peut espérer une amélioration générale et progressive.

Il est une question également importante, sans laquelle toutes les tentatives vers des améliorations seraient sans fruit, c'est celle de l'**Engrais.** Augmenter la quantité et conserver les propriétés fertilisantes de l'engrais des terres par des soins bien entendus, et puiser à des sources convenables, tout ce qui peut y suppléer d'une manière efficace, ce sont là des objets d'un si profond intérêt pour l'agriculteur, et si importants pour le bien-être public, qu'il est inutile de recourir aux arguments pour les recommander à l'attention. L'emploi inconsidéré, et par conséquent la perte du fumier des fermes, les nombreuses sources précieuses de substances fertilisantes qu'on néglige, et les idées confuses qui règnent généralement sur les engrais artificiels, sont des causes continuelles de pertes sévères et de désappointement : tout vient attester le manque d'une plus grande extension de ces connaissances.

C'est en sachant profiter des progrès dans les arts et les sciences, que le fermier peut seulement espérer, en augmentant la fertilité de son sol, se tenir au niveau des besoins d'une population qui se multiplie rapidement.

Personne ne saurait nier que la question de l'agriculture ne doive réclamer chaque année une grande considération, et qu'il ne soit essentiel de pourvoir à l'existence du peuple. C'est même aussi une question d'importance nationale, puisque chaque pas vers des améliorations tend à rendre le pays de plus en plus indépendant des approvisionnements étrangers. Toutefois, ces objets ne peuvent être atteints complètement sans quelque notion de la nature et des propriétés des substances particulières dont se composent les engrais, des éléments ou des principes qui entrent dans la préparation de ces substances, et des lois qui régissent la matière dont toute la surface de la terre est composée, et qui consiste environ en cinquante-quatre substances ou éléments simples et composés. Cependant il n'en entre guère le plus ordinairement que quatorze ou quinze dans la composition des plantes ou dans la structure des sols : ce sont : l'oxigène, l'hydrogène, le carbone, le nitrogène, le chlore, le soufre, le phosphore, le fer, la manganèse, l'alumine (ou argile), la silice, la potasse, la soude, la chaux et la magnésie.

La composition générale du fumier de ferme consiste en paille de rebut, foin, paille au vent, balle, herbe, urine et excréments des animaux nourris dans les étables de la ferme.

La Paille consiste en carbone, en oxigène et hydrogène, les deux derniers dans les proportions qui constituent l'eau (huit parties d'oxigène sur une d'hydrogène), avec un peu de nitrogène et de sels terrestres et alcalins. Les trois premiers éléments sont abondamment fournis aux plantes par l'atmosphère ; l'ammoniaque et les sels terrestres et alcalins sont les parties les plus précieuses comme engrais. Toutefois la valeur de la partie combustible de la paille n'est pas peu considérable, en ce qu'elle sert, quand elle n'est pas encore pourrie, à recevoir et retenir l'urine des animaux ; et lorsqu'elle est étendue sur la terre, elle attire l'humidité de l'air qu'elle transmet aux racines des plantes. Par sa décomposition, elle augmente en quelque sorte la température du sol, et en même temps communique le gaz acide carbonique aux racines des plantes, avant que leurs feuilles ne soient assez ouvertes pour recevoir cette substance de l'atmosphère. La paille sèche, quand on la brûle, donne environ cinq pour cent de cendre. Voici, d'après le professeur Johnson, l'analyse de cent parties des cendres de paille de différentes espèces :

	PAILLE		
	DE BLÉ.	D'ORGE.	D'AVOINE.
Potasse	» ½	3 ½	15 »
Soude	» ¾	1 »	» »
Chaux	7 »	10 ½	2 ¾
Magnésie	1 »	1 ½	» ½
Alumine	2 ¾	3 »	» »
Oxide de fer	» »	» ½	» »
Silice	81 »	73 ½	80 »
Acide sulfurique	1 »	2 »	1 ½
Acide phosphorique	5 »	3 »	» ¼
Chlore	1 »	1 ½	» »
Totaux	100 »	100 »	100 »

L'alcali et la terre s'unissent aux acides carboniques et minéraux comme sels. Quelques-uns de ces sels sont solubles, mais la plus grande partie ne l'est pas.

La partie soluble des cendres de paille de froment forme environ neuf pour cent ; les pailles du grain des diverses espèces se composent des mêmes sels, si ce n'est qu'elles contiennent une plus grande proportion de potasse, de soude et de phosphate. Les différentes espèces de paille au vent produisent les mêmes cendres que la paille ; mais elles contiennent toujours une plus grande portion de silice. La paille de toute espèce ne donne qu'une très petite quantité de matière nutritive pour les bestiaux.

L'Herbe et le Foin contiennent dans leurs substances combustibles une portion considérable de matière nutritive sous la forme de sucre, d'amidon et de compositions contenant du nitrogène ; c'est à leur présence, et particulièrement à celle du dernier, que le foin doit sa vertu supérieure comme fourrage. Les parties salines et terrestres correspondent à peu près à celles de la paille ; mais elles sont beaucoup plus abondantes et elles produisent des effets semblables comme engrais.

Le professeur Liebig donne l'analyse suivante du foin :

Cent seize parties de foin séché à l'air ont produit cent parties, après avoir été séchées à la chaleur de l'eau bouillante.

Les cent parties ainsi séchées consistaient en :

Carbone.	45	8
Hydrogène.	5	0
Oxigène.	38	7
Nitrogène..	1	5
Cendres.	9	0
Totaux.	100	»

Les sels que l'on trouve constamment dans les cendres

des plantes doivent être essentiels à leur croissance ; et l'on concevra aisément que, lorsqu'ils abondent dans un sol, il deviendra plus fertile. D'après les différentes portions qui existent dans les plantes, il est facile de comprendre qu'un sol peut être plus favorable à la croissance d'une plante qu'à celle d'une autre, et qu'un sol qui peut être bon pour la croissance de la paille ne produira pas beaucoup de grain. Comme plusieurs des éléments minéraux contribuent à la croissance de la paille et du grain, une pousse rapide et brillante de la paille au printemps, dans une saison chaude et humide, peut épuiser quelques-unes des substances nécessaires pour la production du grain, et donner ainsi une chétive récolte. De là la sage pratique du fermier d'arrêter le développement trop précoce du blé, ce qui conserve la force du sol jusqu'à la saison convenable, en même temps que cela empêche le blé de se coucher avant que l'épi ne soit arrivé à maturité. Telle est l'efficacité des cendres, comme engrais, pour les terres en prés, qu'en Allemagne on n'emploie pas d'autre moyen, et qu'on obtient par cet engrais seul les récoltes les plus abondantes en herbe.

Les herbes à larges feuilles, et particulièrement le trèfle, obtiennent de l'air tout le carbone et le nitrogène, ce dernier à l'état d'ammoniaque, nécessaire pour former avec les éléments de l'eau les substances nutritives qu'elles produisent.

La combustion des substances végétales n'est autre chose qu'une action rapide et violente de ces affinités ou attractions, où l'oxigène joue le rôle principal. Quand elles ont atteint un certain degré de chaleur, l'oxigène de l'air et celui contenu dans la substance sont mis en action. L'oxigène s'unit au carbone pour former le gaz acide carbonique, et à l'hydrogène pour former l'eau, tandis qu'une petite portion de l'hydrogène s'unit au nitrogène pour former l'ammoniaque. Le gaz acide carbonique est le plus abondant de ces

produits, l'eau ensuite, et l'ammoniaque est de beaucoup le
moindre. Tous s'échappent comme gaz, et les cendres qui
restent contiennent un peu de tous les oxides ou bases, unis
aux acides carboniques et minéraux formant les sels alcalins
et terrestres, qui diffèrent beaucoup, pour l'espèce et la
quantité, selon les plantes d'où ils dérivent. Comme ces sels
ou substances minérales constituent une partie essentielle
de toutes les plantes, ils sont eux-mêmes capables d'agir
puissamment comme engrais. Les plus précieux sont les sels
de potasse et les phosphates de chaux et de magnésie, non
pas que les autres sels contenus dans les cendres soient
moins essentiels, comme, par exemple, le muriate de soude
(sel commun), et le sulfate de chaux (gypse) ; mais parce que
les derniers sont fournis plus libéralement au sol par la
nature.

Si, au lieu de brûler les plantes, on les accumule en tas
exposés au temps, comme dans une fosse à fumier, une action semblable à la combustion, quoique plus lente dans
son opération, a lieu : les éléments de l'eau présente y prennent une part active. La plus grande portion du carbone,
de l'hydrogène et de l'oxigène avec le nitrogène est ainsi
dissipée : les sulfates et phosphates sont décomposés, produisant un gaz infect ; et si en même temps l'eau vient à
filtrer à travers la masse et la dessèche, elle entraîne avec
elle les sels solubles, laissant après elle une matière noire
consistant principalement en carbone, avec une petite quantité d'hydrogène et d'oxigène, et un peu de sels terrestres
insolubles.

Dans cet état de choses, les effets sont pires qu'une combustion totale, d'autant plus que tous les sels solubles sont
perdus. La matière végétale réduite à cet état est de l'humus,
ou cette matière végétale noire contenue dans tous les sols
riches ou dans ceux d'anciennes terres à pâture. La seule

différence est dans le mode de leur production ; l'une ayant été produite par la décomposition des plantes à la surface, et l'autre par celle des racines et des plantes, tant au-dessus que sous le sol. Elles opèrent de la même manière pour la nourriture qu'elles procurent aux plantes, c'est-à-dire par les sels insolubles et autres qu'elles contiennent encore, en attirant l'humidité et l'ammoniaque de l'atmosphère, et en infiltrant lentement le gaz acide carbonique dans les racines des plantes qui croissent.

Si l'eau qui se mêle au tas est en petite quantité, elle est souvent évaporée par la chaleur produite par la fermentation ; l'action chimique cesse en grande partie faute d'humidité ; et le tas, lorsqu'on l'ouvre, offre l'aspect qu'on appelle : « Feu couvant, » (en anglais : « *Fire-Fanged.* ») Dans cet état, il a beaucoup perdu de sa valeur ; mais si l'on a bien soin de mêler les diverses espèces de fumier dans les cours et de les fouler, on n'aura point à craindre qu'il soit échauffé par la fermentation, même dans les temps les plus chauds. Si toutefois on redoutait ce danger, on le préviendrait en ajoutant au fumier des ordures des rues, du sable du grand chemin, ou de la terre quelconque.

Quand les plantes et leurs graines sont consommées par des animaux, près de la moitié de leur poids est rejeté, dans un état sec, par les poumons, et par la transpiration par les pores, dans une forme gazeuse, en partie, comme gaz acide carbonique et de l'eau, avec de l'ammoniaque. Le reste de leur substance comme la partie stérile en matière morte des organes animaux, est renvoyé sous forme de fumier et d'urine, sauf la portion conservée comme nourriture qui fait croître et engraisser les animaux.

L'Excrément solide contient la fibre ligneuse, la matière animale insoluble et les sels ; et l'urine, les sels les plus solubles et les substances riches en nitrogène. Si l'on ne

prend pas soin de l'urine et qu'on la laisse couler dans la
cour, elle se putrifie bientôt, le nitrogène s'en dégage sous
la forme d'ammoniaque ; les sels solubles en sont empor-
tés par les pluies ; et quoiqu'on en puisse sauver une portion par leur mélange avec le fumier des bestiaux, la plus
grande partie des contenus volatils est évaporée par l'action
de l'atmosphère. Si on la laisse sécher dans un réservoir,
elle tourne rapidement aussi en putréfaction ; et si l'on n'y
obvie pas, une grande partie de l'ammoniaque, produit
ainsi, s'échappera avec le soufre et le phosphore qui ré-
sultent de la décomposition des sels contenant ces substances, occasionnant l'infection insupportable qui arrive
dans ces cas. Or, l'ammoniaque et les sels alcalins et terrestres sont de beaucoup les parties les plus précieuses du
fumier d'étable, et le premier se trouve toujours en abondance quand les bestiaux sont nourris avec du grain, du
tourteau et d'autres aliments riches. Sans ammoniaque, on
ne pourrait produire aucun grain, et sans les sels alcalins
et terrestres, le grain ni les plantes ne pourraient exister.

C'est le manque de quelques-unes de ces substances là
où l'humidité existe, qui fait que la terre produit de pauvres récoltes ; et c'est l'absence presque totale de quelques
unes d'elles, ou de toutes, qui est la cause d'une stérilité
complète. On peut trouver presque partout des exemples
de terres qui, quoiqu'abondamment pourvues de humus,
tels que des sols à bruyère et à tourbe, sont, malgré
cela, capables de porter du grain. Si les substances
précieuses, dont il a été fait mention, sont dissipées,
ce qui arrive trop souvent avec une extension blamable, les
récoltes seront très incertaines ; et si à cet inconvénient on
ajoute l'enlèvement de grandes portions du produit, comme
lorsque le foin et la paille sont vendus, et qu'il ne reste
point d'engrais, la terre cessera bientôt de porter des ré-

coltes. Ainsi l'augmentation de la quantité d'engrais devrait être l'attention constante de chaque fermier ; on ne devrait jamais vendre le foin, à moins qu'on ne rende quatre fois le poids de litière pour chaque charretée enlevée de la ferme ; et à moins que la ferme ne contienne une forte portion de gros paturage, on devrait garder les chevaux d'attelage à l'écurie, ou, ce qui serait mieux, dans des hangars découverts, garnis pendant l'été et l'automne de fourrage vert. Il faudrait aussi recueillir avec soin les végétaux de rebut, et la matière animale, pour les ajouter au fumier en tas ; et de cette manière, on ne saurait concevoir quels surcroîts d'excellent engrais on peut produire.

Les Excréments solides des Bestiaux employés dans l'agriculture diffèrent considérablement de valeur selon l'alimentation, l'âge, et les habitudes des animaux. Les jeunes bestiaux conservent les phosphates contenus dans leur nourriture pour l'accroissement de leurs os, tandis que les vaches les transmettent à leur lait : le fumier de ces animaux manque par conséquent de ces substances, et produit par cette raison moins d'effet comme engrais. La valeur ou la vertu des excréments solides et liquides est très matériellement affectée par la nourriture donnée aux bestiaux. Le grain et le tourteau contiennent une grande quantité de phosphates, ainsi que des substances renfermant du nitrogène ; et quand on en donne pour nourriture aux bestiaux. non-seulement ils croissent rapidement, mais leurs excréments deviennent, à proportion, riches en phosphates et en substances produisant de l'ammoniaque. La chair ou les muscles des animaux, sont augmentés par les parties des plantes dans la composition desquelles on trouve du nitrogène, savoir : du gluten, des parties albugineuses et casieuses ; et la graisse dérive de celles qui donnent de l'amidon et du sucre.

Quant à la question d'engraisser des animaux avec une

quantité donnée de nourriture, ils produisent beaucoup plus de chair et de graisse, étant tenus dans un état de repos, et à une température modérée, que lorsqu'ils sont exposés au froid, et qu'on leur laisse prendre de l'exercice.

Mille parties de l'excrément solide d'une vache, ou d'un bœuf, se composent de sept cent cinquante parties d'eau, et le reste, de la matière végétale rejetée, et de quelques substances animales provenant du ravage que les organes des animaux éprouvent continuellement. Quand on brûle mille parties de l'excrément séché, cela donne soixante parties de cendres, se composant des substances suivantes :

Silice.	44
Carbonate et phosphate de chaux.	12
Carbonate, sulfate et muriate de soude.	2
Magnésie, alumine et potasse.	2
Total.	60

L'excrément solide des vaches et des bœufs est en lui-même très peu propre à tourner en putréfaction ou en fermentation, à cause de la très petite quantité de nitrogène qu'il contient ; toutefois il ne donne que peu d'ammoniaque ; mais étant mêlé à l'urine, qui abonde en nitrogène, une rapide fermentation s'en suit, et il s'en échappe de très fortes exhalaisons d'ammoniaque et d'autres gaz nuisibles.

L'urine du Bétail à cornes consiste en une forte portion d'eau, tenant en solution une substance appelée urée, qui se change rapidement par la fermentation en ammoniaque. Elle contient aussi plusieurs sels formés de divers éléments déjà décrits.

Voici, d'après le professeur Sprengel, un extrait de l'analyse de cent mille parties de l'urine de bétail :

Eau.	92,624
Urée avec matière résineuse.	4,000
Albumen et mucus, substances contenant du nitrogène.	200
Sels de potasse, soude et ammoniaque avec acides organiques.	862
Sulfates, phosphates et muriates de soude, chaux et magnésie.	747
Ammoniaque.	205
Potasse	664
Soude.	554
Chaux.	65
Magnésie.	36
Alumine.	2
Oxide de fer et Manganèse.	5
Silice.	36
Totaux.	100,000

C'est à cause de la présence de tant de nitrogène dans l'urine qu'elle tourne rapidement à la putréfaction, et qu'elle excite l'action que l'on remarque dans les substances végétales en contact avec elle, comme par exemple, dans la paille et les ordures de la cour d'une ferme. L'urée qui abonde dans le nitrogène, prend une part active dans cette opération, et donne une grande quantité d'ammoniaque.

L'Excrément solide des Chevaux, qui consomment généralement une grande quantité de grain, contient plus de nitrogène que celui des bêtes à cornes, ce qui explique pourquoi il fermente beaucoup plus vite que le dernier. Cent parties de cet excrément se composent de soixante-dix parties d'eau, de vingt de fibres végétales ; et les dix parties restantes consistent en matière animalisée et en sels terrestres et alcalins. Mille parties de cet excrément séché contiennent, d'après le professeur Sprengel, soixante parties de cendres, dont voici la composition :

Carbonate, sulfate et muriate de soude. .	5
Carbonate et phosphate de chaux. . . .	9
Silice.	46
Total.	60

Il doit s'y trouver, en outre, quelques substances terrestres, et peut-être de la potasse.

L'Urine des Chevaux est composée, sur cent parties, de quatre-vingt-quatorze d'eau : les six autres consistent en urée, sels de soude, de chaux et de potasse. Le nitrogène est bien moins abondant dans l'urine de cheval que dans celle de vaches et de bœufs ; ce qui la rend moins fertilisante que la dernière, quand on l'emploie dans l'état liquide. Le fumier d'étable, cependant, donne une grande quantité d'ammoniaque, qui est perdue en grande partie pour le fermier, comme on s'en aperçoit par la forte odeur ammoniacale qui s'exhale constamment des étables, et plus particulièrement des tas de fumier placés généralement près de la porte.

On pourrait facilement prévenir la perte de ce précieux engrais en semant sur le plancher de l'étable de la poudre de gypse, ce qui formerait un sulfate d'ammoniaque, une substance ou un sel non volatil. Le gypse devrait être réduit en poudre fine, autrement on n'obtiendrait pas l'effet désiré. L'acide sulfurique ou l'acide muriatique, délayés dans une grande quantité d'eau, peuvent être préférés, en ce que leur effet sera plus rapide et plus efficace.

Le Fumier de Cochon est généralement regardé comme un engrais froid : mais cela ne peut guère se dire de ceux qui sont nourris de grains et d'autres aliments contenant beaucoup de nitrogène, et dont le fumier est un puissant engrais.

L'Urine contient une grande quantité de nitrogène et elle est excessivement nuisible quand on la laisse se putrifier. On devrait donc toujours enlever les excréments du cochon en même temps que la litière, pour les mêler avec l'autre fumier entassé dans la cour; car si on les applique seuls aux pommes de terre, ou à d'autres racines de ménage, cela peut leur communiquer un goût très désagréable, occasionné probablement par la grande quantité d'aliments liquides que ces animaux consomment, et par quelque substance volatile produite par la fermentation de l'urine. D'après une analyse du professeur Sprengel, l'urine de cochon contient dans cent mille parties;

Eau	92,600
Urée, avec très peu de mucus, d'albumen et de matière colorante	5,640
Sels, comme sel ordinaire, muriate de potasse, gypse, carbonate de chaux et sulfate de soude	1,760
Total	100,000

D'après cette analyse, il paraît que l'urine du cochon contient une plus petite portion d'eau que celle des bêtes à cornes, et un et demi pour cent d'urée de plus; et cela explique pourquoi elle est plus caustique, quand elle est fraîche, que celle des autres bestiaux.

La Fiente de Volaille est un engrais très puissant, en ce qu'elle contient beaucoup de phosphate et d'ammoniaque. Son effet est admirable pour remédier aux dégats du blé par les insectes ou par un hiver défavorable; dans ce cas, on la mêle avec des cendres, afin de pouvoir l'étendre plus également. La plus forte fiente est celle des poules et des pigeons, qui se nourrissent principalement de grain et d'insectes.

Crottin et Urine des Moutons. Les moutons absorbent un peu plus de nourriture de leurs aliments que le gros bétail ; car, si l'on pèse d'abord la nourriture sèche qu'on leur donne, et ensuite les excrémens secs, on trouvera que ceux-ci pèsent un peu moins en proportion pour les moutons que pour le gros bétail.

Les organes digestifs des moutons sembleraient même en quelque sorte réduire la fibre végétale ; substance qui passe sans être digérée dans le corps de la plupart des autres animaux, sans excepter le corps humain. Il serait d'une importance incalculable de pouvoir préparer par un procédé peu coûteux les fibres végétales en général, de manière à les rendre faciles à digérer. C'est ce qu'on pourrait obtenir par quelque moyen chimique, car on sait qu'on peut retirer du sucre du papier, qui est une fibre végétale très pure. L'expérience a démontré que le trèfle vert est un meilleur aliment que le foin qu'on en fait ; la raison en est fort simple, c'est qu'en le faisant sécher, nombre de ses particules sont tellement durcies que les organes digestifs n'ont plus le pouvoir de les réduire. En faisant bouillir le foin, les particules durcies sont ramollies, et par conséquent il en faut une moindre quantité pour nourrir que lorsqu'il est sec.

D'après Block, les quantités suivantes d'excrément se trouvent dans les différentes espèces de fourrage qu'on donne aux moutons.

De 100 livres de paille de seigle, fluide ou
    solide . . . . 40 liv.
Du foin 42
Des pommes de terre 43

Du trèfle vert. . . . . 8 ½
De l'avoine, excrément sec. 49

Dans ce cas donc, la même chose arrive que pour les bêtes à cornes : plus de la moitié de l'aliment solide est perdue, soit de la paille, soit de toute autre espèce de nourriture.

Les excréments solides des moutons ont été l'objet d'une analyse chimique par Zierl, et c'est la seule que l'on paraisse avoir à ce sujet. Mille parties de poids des excréments solides de mouton, nourri de foin, contenaient :

Eau. 679
Sucre de galle et sels solubles. 34
Bilieux, avec matière extractive. 19
Humus, avec albumen coagulé, et mucus des
    intestins. 128
Fibre ligneuse et restes de végétaux. . . . 140

           Total. 1,000

Mille parties de poids d'excrément sec, donnent, étant brûlées, quatre-vingt-seize parties de cendres, consistant en :

Carbonate, muriate et sulfate de soude. . . 61
Carbonate et phosphate de chaux. 20
Silice 60

           Total. 96

Le crottin solide du mouton contient un peu moins d'eau que l'excrément solide des bêtes à cornes. D'un autre côté, il possède plus de substances d'une décomposition facile contenant du nitrogène ; car, tandis que l'excrément solide des bêtes à cornes ne donne dans mille parties que 105 et 112 de cette substance et d'autres, celui du mouton n'en contient pas moins de 180.

La Bouse de Vaches, quand on les nourrit de spergule

verte, contient, d'après le même chimiste, de 15 à 16 pour cent de fibre végétale, tandis que l'excrément de mouton nourri de foin, n'en contient que 14 pour cent. Or, comme la quotité d'eau dans l'excrément des bêtes à cornes est d'environ 4 pour cent de plus que dans celui de mouton, et la proportion de fibre végétale devant être plus grande dans le crottin de mouton, on peut en conclure, comme auparavant, que le mouton digère une portion de la fibre végétale même.

L'Urine de Mouton. en raison de sa petite quantité, n'est jamais recueillie ni employée par elle-même ; mais la litière sur laquelle elle se répand sert pour la terre en même temps que les excréments solides. Elle est plus abondante en sels que l'urine de vache, sans toutefois contenir autant de substances possédant du nitrogène. Cent mille parties d'urine nouvelle de mouton nourri d'herbe, et qui, lors d'un examen, ne contenait point de propriétés acides ni alcalines, renfermait :

Eau.	96,000
Urée. avec un peu d'albumen et de matière colorante.	2,800
Sels de potasse. de soude, de chaux, avec quelques traces de silice. d'alumine et de fer.	1,200
Total.	100,000

L'urine de mouton contient donc, comme on le voit, 4 pour cent d'eau de plus que celle des bêtes à cornes ; mais possédant une assez forte quantité d'urée, elle passe promptement en décomposition, et elle dégage par conséquent beaucoup d'ammoniaque. Ce fait explique la présence de la forte odeur ammoniacale dans les lieux où l'on tient des moutons : toutefois cette odeur est beaucoup augmentée par l'ammoniaque que produit également la décomposition des excréments solides, qui contiennent beaucoup de nitrogène, et par l'exhalaison d'une certaine quantité d'ammoniaque par la peau du mouton. L'ammoniaque ainsi formé s'évapore naturellement d'autant plus vite, que la matière manque d'humidité qui le retienne. D'après cela, il est évident qu'on perd une grande quantité d'engrais précieux quand les moutons sont tenus dans des maisons, et qu'il serait fort à désirer qu'on adoptât quelque moyen meilleur pour le recueillir.

Les Vidanges (excréments humains) sont l'engrais le plus puissant qu'on ait, et on doit le conserver avec le plus grand soin si l'on veut augmenter la fertilité du sol. La raison de la grande puissance de cet engrais, est qu'il contient, sous une forme concentrée, et dans un état de division minutieuse, toutes les substances qui servent de nourriture aux plantes ; et, en s'en servant comme engrais, c'est rendre à la terre tous les éléments essentiels qui en ont été retirés par les plantes et par les bestiaux qui s'en sont nourris.

Cet excrément solide contient, d'après Berzelius, un peu plus de 13 pour cent de cendres, qui renferment les sels suivants :

Carbonate de soude.	3	5
Muriate de soude.	4	0
Sulfate de soude.	2	0
Phosphate de magnésie.	2	0
Phosphate de chaux.	4	0
	15	5

Mille parties d'urine donnent :

Eau.	933	»
Urée.	30	10
Sels d'ammoniaque, avec quelque matière animale.	18	46
Sulfate de potasse.	3	71
Sulfate de soude.	3	16
Phosphate de soude.	2	94
Phosphate d'ammoniaque.	1	65
Muriate de soude (sel commun). . .	4	45
Muriate d'ammoniaque.	1	30
Matière terrestre, chaux et silice. . .	1	03
	1,000	»

La quantité de vidanges qu'un fermier pourrait se procurer dans son voisinage, et même sur sa propre ferme, n'est pas peu considérable, et elle mérite bien son attention. Un préjugé absurde, fondé sur le dégoût occasionné par l'odeur fétide des excréments, a empêché jusqu'à présent de les recueillir avec l'empressement qu'ils comportent. On peut se mettre aisément au-dessus d'un pareil scrupule. La suie détruira cette odeur désagréable, et augmentera la valeur de la matière en l'y mêlant ; et, par cette raison, on ne doit pas négliger d'en avoir. Les cendres de tourbe ou de la tourbe sèche réduite en poudre produiront un semblable effet. La chaux est un correcteur nuisible dont on doit éviter de se servir.

Les excréments d'un homme, employés comme engrais, peuvent, avec l'aide de ce que les plantes obtiennent de l'atmosphère, servir à produire assez de grain pour le nourrir. Le passage suivant, extrait de l'excellent ouvrage du professeur Liebig, sur la *Chimie de l'agriculture*, expose ce sujet sous le point de vue le plus important :

« A l'égard de la quantité de nitrogène contenue dans les
« excréments, 100 parties de l'urine d'un homme bien
« portant sont égales à 1300 parties de crottin frais de
« cheval, et à 600 parties de la bouse de vache. Il s'en suit
« qu'il serait d'une grande importance pour l'agriculture
« de ne perdre rien de l'urine de l'homme. L'effet puissant
« en est bien connu, comme engrais, en Flandre.

« Si l'on admet que les excréments liquides et solides de
« l'homme s'élèvent à 1 livre ½ par jour (1 livre ¼ d'urine
« et ¼ de matière fécale), et qu'ils contiennent ensemble
« 3 pour cent de nitrogène, alors en un an cela donnera
« 547 livres qui contiennent près de 16 livres ½ de nitro-
« gène, quantité suffisante pour produire 800 livres de fro-
« ment, de seigle et d'avoine, ou 900 livres d'orge. C'est
« plus qu'il ne faut par arpent pour obtenir chaque année
« les plus belles récoltes avec le concours du nitrogène de
« l'atmosphère absorbé par la terre. »

Chaque ville et chaque ferme pourrait ainsi se procurer
l'engrais qui, outre qu'il renferme le plus de nitrogène, contient le plus de phosphate ; et si l'on adoptait une rotation
de récoltes convenables, elles seraient très abondantes. En
employant en même temps des os et des cendres lessivées de
bois, on pourrait se dispenser totalement de l'usage des excréments des animaux.

Les Chinois, le peuple agricole le plus ancien qu'on con-
naisse, attachent un grand prix aux excréments humains.
Les lois de leur pays défendent même de perdre ces excréments, qui sont recueillis avec soin. On ne se sert pas d'autres engrais pour la culture du grain. Pour recueillir l'urine
et la matière fécale, on y emploie un grand nombre d'hommes, qui déposent des tonneaux dans chaque maison des
villes pour recevoir l'urine des habitants, et on les enlève

chaque jour avec autant de soin que nos fermiers en mettent
à enlever la litière de leurs écuries.

Un demi-siècle a suffi aux Européens, non seulement
pour égaler, mais pour surpasser les Chinois dans les arts
et les manufactures, et ce résultat a été dû uniquement à
l'application de principes déduits de l'étude de la chimie.
Mais combien en est éloignée l'agriculture de l'Europe,
même celle tant vantée de l'Angleterre! celle de la Chine
est assurément la plus parfaite du monde; et, dans ce pays
où le climat, en ses parties les plus fertiles, diffère peu de celui d'Europe, on attache très peu de prix aux excréments
des animaux. Une attention constante dans l'observation des
résultats, l'application des moyens réellement utiles, une
persistance, non pas dans les méthodes et idées surannées,
mais dans tout ce que l'expérience a prouvé être avantageux,
ont placé depuis longtemps ce pays dans un rang qui serait
bientôt le nôtre, s'il était permis à la science d'accomplir
pour nous ce qui, pour eux, a été le lent progrès de siècles
d'expériences. La génération future, chez nous, retirerait
d'immenses avantages de son concours, et mettrait à profit
ses importantes découvertes.

De grands obstacles rendent difficile le transport de ces
matières hors des villes, à cause de la répugnance qu'elles
inspirent, et de celle des valets de ferme à travailler à leur
préparation; mais séchées et réduites en poudre, elles forment un admirable engrais pour le froment et pour les semences de toute espèce.

En comparant l'analyse des excréments humains par
Berzélius avec celle du guano par Voelkel, on verra que les
mêmes éléments essentiels leur sont communs.

VOELKEL.

Urate d'ammoniaque.	9	»
Oxalate d'ammoniaque.	10	6
Oxalate de chaux.	7	»
Phosphate d'ammoniaque..	6	»
Phosphate de magnésie et d'ammoniaque	2	6
Sulfate de potasse..	5	5
Sulfate de soude.	3	8
Muriate d'ammoniaque.	4	2
Phosphate de chaux.	14	3
Argile et sable.	4	7
Substances animales, avec une petite quantité de sels, de fer et d'eau.	32	3
	100	»

Or, en examinant la composition du guano, mais sans en connaître l'effet, il n'y a pas de doute que c'est un engrais très précieux et très puissant ; et il est regardé de la sorte depuis des siècles dans les pays d'où il vient, et où il contribue à produire d'abondantes récoltes de maïs ou de blé indien dans les terres les plus ingrates. Il est évident que ses propriétés fertilisantes doivent être attribuées à ce qu'il contient presque toutes les parties essentielles qui constituent les plantes et particulièrement celles qui réussissent le moins dans certains sols ; et son analyse est donnée ici pour faire voir quelle affinité il y a entre lui et les excréments solides et liquides de l'homme, et constater ainsi combien il est blâmable de recourir à tous les moyens pour se débarrasser d'une matière qui a tant d'identité avec le guano, quand on va chercher ce dernier sur une côte qui est à environ quinze mille milles de distance.

D'après la concentration de la société dans les grandes

...tés et villes, et l'énorme quantité de phosphates contenus dans le grain et les bestiaux qu'on y consomme ; en examinant aussi la perte excessive qu'on y fait de cette substance précieuse, et son indispensable nécessité pour la production de bonnes récoltes de grain, et plus particulièrement de froment, il est vraiment à regretter qu'on n'ait pas plus généralement soin des excréments humains, qui contiennent une si grande quantité de phosphates et de sels d'ammoniaque, et qui sont certainement l'engrais le plus fertilisant de production indigène.

Le Guano est formé des excréments décomposés de divers oiseaux de mer, qu'ils déposent sur un grand nombre d'îles couvertes de rochers des océans Pacifique et Atlantique dans la saison des accouplements : il s'y est accumulé depuis des siècles. Lorsqu'il est nouveau, il est d'une couleur pâle café au lait, mais il devient d'un rouge foncé en vieillissant, et lorsqu'il est exposé à l'air ; quand il est humide, cela dénote qu'il a beaucoup souffert. Pour être naturel, il ne doit contenir ni sable, ni terre, ni argile, ce dont on peut aisément s'assurer par un moyen fort simple, qui consiste à le remuer pendant quelque temps dans un vase avec beaucoup d'eau, et à le laisser ensuite reposer une minute ou deux, pour donner le temps aux substances pesantes de descendre, et on verse l'eau qui contiendra les sels solubles et la matière insoluble divisée en petites parties ; s'il y a du sable, on le trouvera au fond du vase, et il est facile d'en évaluer la quantité renfermée dans le guano soumis à cette épreuve en le faisant sécher et en le pesant : il ne faut pas qu'il excède, avec les autres matières terrestres, deux pour cent.

Le guano, comme engrais, doit ses effets extrêmement fertilisants, principalement au nitrogène qu'il contient (sous la forme d'ammoniaque et d'acide urique), qui est le principe vital de toutes les plantes, et ensuite aux phosphates qui forment un ingrédient essentiel dans l'aliment d'un grand nombre d'entr'elles. Il est maintenant admis partout que le nitrogène (ou l'ammoniaque), est, de toutes les substances, celle qui contribue le plus à la fertilité du sol ; mais toute précieuse qu'elle est, ce n'est pas la seule qui soit nécessaire au sol pour la saine croissance des plantes. Il s'ensuit que les vertus du guano semblent dépendre, comme le dit le professeur Johnson, de ce qu'il contient un mélange bien proportionné d'un grand nombre de substances que la plante exige pour sa croissance et son développement, y compris une forte portion d'une substance (l'ammoniaque) qui hâte d'une manière remarquable la croissance des jeunes plantes, ainsi qu'une autre (le phosphate de chaux) qui est nécessaire à sa santé et à sa parfaite maturité.

Il y a plusieurs espèces de guano, qui prennent leurs noms des lieux d'où ils viennent, mais celui du Pérou est sans contredit le meilleur et il s'applique à toute espèce de terres, et particulièrement à celles qui sont légères, humides ou froides, ou à des sols couverts de mousse qu'on a bien desséchés, et aussi à toutes les terres qui se trouvent éloignées de l'habitation du fermier, ou dans des situations d'un accès difficile ; car avec un cheval et une charrette, on peut engraisser huit arpents de terre en quelques heures avec du guano, ce qui exigerait deux attelages, et peut-être huit ou dix chevaux pendant plusieurs jours pour transporter un autre engrais sur la même étendue de terre.

On a reconnu aussi au guano la propriété d'être un grand ennemi du ver blanc.

On l'a employé avec beaucoup de succès pour des récoltes de toute espèce, mêlé avec quatre fois autant que sa masse de cendres de bois et de charbon de terre, de sable de route, de terreau, ou, ce qui vaut mieux, de gypse, et en le semant

a toute volée si la terre est humide, ou labouré, herse, ou
mêlé avec la semence, en ayant soin, si c'est du guano seul,
d'employer un semoir qui fasse que le guano ne se trouve
pas en contact avec la semence.

Le gypse est très recommandé pour le combiner avec le
guano, surtout si le temps ne se trouve pas être humide,
quand on met le guano sur la terre ; le gypse mêlé avec le
guano, par égale portion, ou deux portions de gypse et une
de guano, retient l'ammoniaque dans la terre, et rend les
effets du guano beaucoup plus certains et plus durables.

En se servant du guano, on doit avoir soin de bien le pulvériser ; car, à cause de sa ténacité, il est susceptible de se former en morceaux, et dans des endroits où il serait trop épais,
il brûlerait l'herbe, quoiqu'ensuite, dans les mêmes endroits, il pousse un merveilleux herbage.

Employé à la surface, le guano est excellent, il augmente
et améliore la qualité des récoltes d'une manière extraordinaire. On s'en est servi avec avantage pour toute espèce
d'herbages, dans le mois d'avril, en le semant à la volée.
Lorsque les récoltes paraissent devenir faibles, ou être attaquées par les vers ou les pucerons, une couche de guano ou
du compost dont on a parlé, appliquée à la récolte sur pied
après une ondée de pluie, leur fera beaucoup de bien.

Pour le grain et les racines, la meilleure époque pour le
guano est, une moitié de la quantité destinée à servir à la
saison des semailles ; et l'autre moitié à la surface ; pour pré
artificiel, une moitié, lorsque le champ est préparé pour le
foin, et l'autre moitié aussitôt que le temps le permet, après
avoir fauché, en ayant soin dans l'un et l'autre cas de le mettre pendant ou immédiatement avant la pluie ; la quantité de
guano la plus généralement recommandée par ceux qui en
ont une grande expérience, est de trois quintaux par arpent.

Le docteur Ure donne sur le guano l'analyse qui suit :

Matière soluble dans l'eau, 47 % consistant en :

1. Sulfate de potasse avec un peu de soude..   6 00
2. Muriate d'ammoniaque.   3 00
3. Phosphate d'ammoniaque..   14 32
4. Carbonate d'ammoniaque.   1 00
5. Sulfate d'ammoniaque..   2 00
6. Oxalate d'ammoniaque..   3 23
7. Eau.   8 50
8. Matière organique, soluble et urée.   8 95

    47 00

Matière insoluble dans l'eau, 53 %, consistant en :

1. Silice.   1 25
2. Matière organique indéfinie..   9 52
3. Urate d'ammoniaque..   14 73
4. Oxalate de chaux..   1 00
5. Sulfate de chaux..   22 00
6. Phosphate d'ammoniaque et de magnésie..   4 50

    53 00

L'approvisionnement de cet engrais est certainement limité ; les vaisseaux en ont déja dépouillé une île entière, et il serait à désirer qu'on s'occupât de se procurer un engrais économique et efficace qui le remplaçât.

Le mélange suivant contient les divers ingrédients qu'on trouve dans le guano, et à peu près dans les mêmes proportions. Il serait probablement aussi efficace que le guano naturel pour toutes les récoltes auxquelles on a appliqué ce dernier engrais :

    155 kil.   » de poudre d'os.

    50 —   » de sulfate d'ammoniaque.

2 kil. 50 de perlasse.

50 —   » de sel ordinaire.

5 — 50 de sulfate de soude séchée.

50 —   » de craie.

La quantité indiquée ici équivaudra amplement en efficacité à 200 kil. de guano.

Au nombre des *engrais* de l'espèce *animale*, ceux de **Poisson**, et les composés qui en sont préparés ne doivent pas être oubliés. Le plus précieux des premiers est une espèce de sardine que l'on prend périodiquement dans les mois d'hiver, et qui abonde, non-seulement en huile, mais aussi en phosphate de chaux, ce qui ajoute beaucoup à leur vertu, au point même que, lorsque l'huile en est extraite par ceux qui la recueillent pour d'autres objets, le résidu ou tourteau de poisson, quoique consistant principalement en os, écailles et fibres musculaires, est bien connu dans bon nombre d'endroits en Angleterre pour être (étant écrasé ou réduit en poudre), un engrais très efficace pour plusieurs récoltes du printemps.

Dans leur état naturel, les poissons sont appliqués avec succès à des terres légères, en quantités variant de 30 à 50 boisseaux par arpent. La sardine, les rebuts de hareng et d'autres poissons, quand on les vide pour l'exportation, sont jetés en abondance sur la terre, dans les environs de certaines pêcheries en Angleterre. Il est bon, cependant, qu'ils soient parvenus à un certain degré de décomposition, pour agir plus puissamment comme engrais. Ils sont très favorables à la récolte d'avoine et d'orge; et, si on les amalgame avec environ une double quantité de beau terreau, ils feront, au bout d'un mois ou deux, un excellent engrais pour les navets. On devrait toujours mêler ces engrais avec du varech, quand on peut en avoir, ou avec de la tourbe ou du terreau.

Les Chiffons de laine, *les Râclures de Corne et les Rebuts des fabricants de peau et de colle forte,* sont de puissants engrais, mais qu'on rendrait plus certains et plus efficaces par un mélange de sciure, de caillotis, de tourbe ou de cendres de charbon ; des chiffons de laine, distribués en petits morceaux dans les tranchées, à raison de huit quintaux par arpent pour des pommes de terre, ont produit de très bons effets pour la récolte, et pour le froment semé ensuite. Ils réussissent au mieux dans des sables libres et des sols légers, où ils subissent plus promptement une décomposition à cause de l'admission plus facile de l'air. Ces substances, et d'autres analogues, comme la corne des pieds de certains animaux, le poil et les plumes, contiennent toutes beaucoup de nitrogène, auquel elles doivent leur grand effet comme engrais ; on devrait toujours les accompagner de cendres, qui donnent des sels de soude et de potasse, comme on l'a déjà dit ; et, avec ce concours, elles forment de puissants et certains engrais composés pour toute espèce de récolte.

Engrais minéraux et artificiels.

Le Gypse (sulfate de chaux ou plâtre) est composé de :

Chaux.	28
Acide sulfurique.	40
Eau	18
	86

Il se dissout avec difficulté dans l'eau, et il exige 500 fois son poids d'eau pour en effectuer la solution ; par la calcination ou par le feu, son eau de cristallisation s'évapore entièrement. Ainsi 86 livres sont réduites à 68, et alors il prend la forme d'une poudre parfaitement blanche, état dans lequel il se vend généralement aux plâtriers.

On en a fait un usage très étendu, en poudre et calciné, pour l'agriculture ; et, quoique très bon pour quelques terres, plus particulièrement pour hâter la croissance du trèfle, du sainfoin et des fourrages, dans la plupart des cas, on n'en a retiré aucun avantage. Dans les sols qui contiennent toutes les autres substances dont les plantes se nourrissent, ou une quantité insuffisante de ces substances, il réussira parfaitement : et c'est cet effet remarquable qui a porté à en faire une application inconsidérée, qui a souvent trompé l'attente du fermier.

Si le gypse produit un bon effet quand il est employé en petite quantité, c'est une preuve que le sol ne le contenait pas auparavant en proportion suffisante. Sur un pareil sol, il redeviendra avantageux en peu de temps ; mais si l'on en emploie une plus forte dose, il devra s'écouler un temps correspondant avant qu'il ne produise de nouveau de l'effet. C'est faute d'envisager l'application des engrais artificiels sous ce point de vue, que le gypse a été souvent prôné d'une manière outrée par les uns, qui en recommandaient l'emploi universel, et blâmé inconsidérément par les autres. Dans un champ de trèfle rouge, engraissé avec du gypse, et qui avait produit une très belle récolte, on renouvela cet essai avec soin sur deux perches carrées, dont une avait reçu du gypse au milieu d'avril, à raison de cinq boisseaux par arpent, et l'autre était sans aucun engrais. Le résultat de cette expérience, après avoir remplacé le foin par du grain, a été comme suit :

	Quintaux.	Grain.		Paille de la récolte de grain.		
Gypse.	60	3	21	22	3	12
Sans engrais.	20	0	20	5	0	0

La différence entre les deux récoltes ne fut pas évaluée à moins de 410 fr. environ en faveur de l'expérience.

Ce ne fut pas le seul avantage, car les bestiaux montraient

une telle prédilection pour le trèfle venu sur la terre qui avait reçu du gypse, qu'après en avoir goûté une fois, ils traversaient tout un champ pour y revenir, sans toucher à l'autre dont la récolte avait été cependant assez bonne; et il paraîtrait que le gypse augmente, non-seulement la vigueur et la verdure de la plante, mais sensiblement aussi ses jus.

Il est évident que le gypse n'opère puissamment, que lorsqu'il est appliqué à un sol dépourvu de cette substance; or, on n'ignore pas que le gypse entre largement dans la composition du trèfle, du sainfoin, des légumes et des céréales, récoltes cependant qui l'épuisent rapidement.

Le gypse en poudre est principalement recommandé pour les terres légères, chaudes et sablonneuses; mais il est inutile pour les terres lourdes ou pour celles où l'eau stagnante séjourne, quoiqu'il soit très précieux pour des terres imprégnées de craie.

Le trèfle, la luzerne, le sainfoin, les navets et les pommes de terre, sont les récoltes pour lesquelles cet engrais a été le plus souvent appliqué avec succès. On recommande fortement aussi de s'en servir dans des réservoirs d'engrais liquides, et de l'éparpiller tous les jours dans les écuries, sur la litière des vaches et dans les basses-cours, pour retenir l'ammoniaque dans l'engrais, et en augmenter grandement ainsi la valeur. Les yeux des bestiaux souffrent souvent à cause de l'ammoniaque qui s'échappe dans les écuries et les étables; le gypse est très bon pour remédier à cet inconvénient.

Le gypse, employé comme engrais, se mêle avec la semence; on l'applique aussi à la surface lorsque la rosée ou la pluie est sur la terre, au printemps, ou en été.

Environ six boisseaux de gypse par arpent suffiront, quand on l'emploie seul, un tiers labouré dans la terre, et le reste en deux fois à la surface. Dans des réservoirs d'engrais liquides, il faut environ un quintal de gypse sur huit gallons de liquide, et six quintaux environ de cet engrais suffiront pour un arpent de blé. Deux quintaux de gypse, mêlés avec du fumier de basse cour, appliqués à chaque arpent de terre, produiront un très bon effet, et à peu de frais.

Les Cendres de Bois contiennent, plus ou moins, tous les éléments les plus essentiels ou les substances qui forment la nourriture des plantes, excepté l'ammoniaque, ou plutôt toutes les substances qui ne sont pas fournies abondamment par l'atmosphère. Les plus importantes sont la potasse et les phosphates terrestres. Toutefois, leur quantité est très variable dans les cendres de différentes plantes. Près de la moitié de la masse des cendres de bois consiste en carbonate de chaux. L'effet puissant des cendres de bois, pour développer la croissance du trèfle de toute espèce, est bien connu. En Allemagne, on ne se sert pas d'autre engrais pour les terres herbagères, qu'il tient en excellent état de rapport.

Le tableau suivant indique la quantité de potasse contenue dans quelques-uns des arbres et plantes ordinaires :

10.000 parties de Chêne.	15
Orme.	39
Bouleau	12
Vigne.	55
Peuplier .	7
Chardon .	55
Fougère .	62
Chardon ras.	196
Absinthe.	730
Vesce.	275
Fèves.	200
Fumeterre.	790

Les cendres produites par les feuilles d'arbres contiennent beaucoup plus de potasse que celles des rameaux et

des branches, et celles des dernières plus que celles du tronc
de l'arbre ; tandis que les cendres des deux derniers contiennent le plus de potasse et de carbonate de chaux. La
quantité de potasse, dans les feuilles, varie beaucoup suivant la saison de l'année ; elle est plus grande au printemps,
et plus faible en automne.

Dans quelques parties de l'Angleterre, on a l'habitude
de brûler le chaume à cause des cendres qui sont favorables
à la récolte suivante. Eu égard à la valeur de la paille
pour litière, ce doit être une pratique d'un avantage très
douteux ; et, dans les terres où le chaume n'est pas coupé
pour en faire de la litière, il doit, après le labourage, finir
par offrir au sol tout ce que les cendres contiennent, et
même quelque chose de plus.

Les Cendres de Charbon de Terre servent généralement aux fermiers ; et il est rare qu'elles ne produisent pas
de bons effets, particulièrement pour les récoltes herbagères,
et l'examen des substances qu'elles contiennent convaincra
facilement de l'effet qu'elles produisent. Indépendamment
des matières terrestres et houilleuses imparfaitement brûlées, dont elles se composent principalement, elles contiennent aussi du sulfate de chaux, avec un peu de potasse
et de soude, substances qui, appliquées séparément, produisent un bon effet sur les récoltes de trèfle, et sont favorables à la production du trèfle blanc en particulier. Ces
substances sont en effet une partie importante de l'alimentation de toutes les herbes. L'effet des cendres de charbon
de terre est surtout remarquable pour le trèfle, qui pousse
sur des sables, et lorsqu'un fermier a une fosse urinaire, ces
cendres doivent être saturées d'urine avant de les employer,
et pour un arpent de trèfle je recommanderai de faire dissoudre 100 kilos de fumier d'excréments solides dans de
l'urine, de verser cette solution sur 30 boisseaux de

 endres de charbon de terre, de la faire sécher jusqu'à ce qu'elle soit friable, avec 100 et 150 kilos de gypse, et même d'y ajouter, si l'on ne recule pas devant la dépense, 100 kilos de biphosphate de chaux, et j'ai la conviction qu'on ne regrettera pas ce surcroît de dépense.

La Tourbe est souvent à la portée du fermier, qui peut en tirer un très bon parti, soit en l'appliquant directement au sol manquant de matière végétale, soit en la brûlant pour en avoir les cendres, ou pour la conservation et l'augmentation de l'engrais de ferme, et pour composts : appliquée directement à la terre, dans son état brut, son opération est double, mécanique et chimique. D'abord, elle tient le sol ouvert, et attire l'humidité et les gaz de l'atmosphère; ensuite, elle épanche, par sa décomposition lente, du gaz acide carbonique et les substances salines qu'elle contient, aux racines des plantes. Pour le premier de ces objets, celui simplement d'ouvrir le sol, et d'attirer l'humidité, etc., presque toutes les espèces sont également bonnes : mais la grande diversité dans les effets de la tourbe dépend principalement des substances salines et terrestres qu'elle contient, et des sels auxquels on les applique.

Les cendres de tourbe diffèrent par conséquent en valeur, en raison de ce qu'elles sont riches ou pauvres en matière saline : et dans quelques localités c'est le seul engrais employé pour la culture des navets, à raison de trente à cinquante boisseaux par arpent. Un peu de cendres de tourbe et de la tourbe en partie séchée, que l'on peut garder auprès de la cour d'une ferme, peuvent servir à l'occasion avec succès à conserver et augmenter l'engrais de la ferme et autres.

Le professeur Brande a donné l'analyse de quelques excellentes cendres de cette nature apportées de Hollande où elles sont très estimées et fréquemment employées ;

La voici :

Terre siliceuse.	32 parties.
Sulfate et muriate de soude.	6
Sulfate de chaux.	12
Carbonate de chaux.	40
Oxide de fer.	3
Impuretés et perte.	7
	100

La Suie doit avoir un puissant effet comme engrais, à cause de la grande quantité d'ammoniaque qu'elle contient sous la forme de carbonate et sulfate d'ammoniaque, quoique sa qualité présente de grandes variations, suivant le charbon dont elle provient; si l'on met une poignée de suie dans un vase, et qu'on la délaye avec de l'eau, et qu'on y ajoute ensuite une petite quantité de chaux nouvelle éteinte, de fortes vapeurs d'ammoniaque s'élèveront aussitôt.

On fait, en Angleterre, un grand usage de la suie, qu'on éparpille avec une pelle, sur les terres en grain et en pâture, à raison de 20 à 30 boisseaux, et pour le froment, l'orge et les navets, de 40 à 45 boisseaux par arpent. Cependant son plus grand usage est pour le blé. Des expériences ont démontré que sa puissance est matériellement accrue par un mélange d'une petite quantité de sel ordinaire, plus particulièrement pour les terres à pâturages, dont l'herbe obtient, bientôt après, une croissance admirable. Quoiqu'on s'en soit presque toujours servi à la surface, il est certain qu'elle aurait un plus grand effet en l'employant comme compost avec d'autres substances au moyen du semis ; et de cette manière, on en a recueilli de très bons effets pour la culture des pommes de terre. Des expériences comparatives récentes sur différents engrais établissent ainsi, que 54 boisseaux de suie et 6 de sel, employés dans un champ de carottes, ont produit plus que ne l'avaient fait 24 tonneaux d'engrais d'écurie et 24 boisseaux d'os, et bien encore que cela n'ait coûté que la moitié.

Le son, et le bois, ou les cendres de tourbe, seraient une bonne addition à la suie pour les pommes de terre. La matière carbonique éparse, dont se compose principalement la suie, doit contribuer grandement à son bon effet comme engrais, car elle est dans un état de solution facile, peut-être à cause de la présence de l'ammoniaque.

Comme l'ammoniaque est la partie la plus essentielle de cet engrais, en l'étendant légèrement sur la surface de la terre, il doit en résulter une grande perte par l'évaporation. Il doit être encore plus nuisible de le mêler avec de la chaux, comme l'ont recommandé quelques fermiers, car cet alcali en opère la dissipation rapide. Comme l'ammoniaque ne se trouve jamais en trop grande abondance dans aucun sol, mais qu'il convient à tous, la suie a un excellent effet pour faire pousser le blé, dont la plante a été affaiblie, et diminuée par les insectes, ou par un hiver rigoureux; cependant, quand on l'emploie à la surface il convient de herser la terre après avoir répandu la suie.

Le froment, ainsi aménagé, prend bientôt une couleur foncée, et commence à pousser, et à s'étendre avec toute apparence de vigueur; c'est en effet l'un des meilleurs moyens de raviver, auquel le fermier puisse avoir recours dans l'état critique de sa principale récolte.

La suie étant dépourvue de bon nombre des substances salines qu'exigent les plantes, on ne peut pas toujours compter sur son efficacité; mais comme elle contient beaucoup de carbonate et de sulfate d'ammoniaque, elle sera toujours un très précieux ingrédient dans les engrais artificiels, avec de la cendre de bois, de tourbe ou de soude brute, ou si l'on ne peut pas se procurer des os, avec du son. On a déjà parlé de sa propriété pour détruire ce qu'il y a de nuisible dans la vidange.

On a trouvé un précieux engrais dans le tourteau de colza employé à raison de cinq quintaux par arpent.

Le Son de Blé est aussi un bon engrais de même espèce, particulièrement pour les pommes de terre, en ce qu'il contient beaucoup de phosphate de magnésie qu'exige ce tubercule.

L'Argile brûlée a été fortement recommandée comme engrais à différentes époques ; et l'on cite un grand nombre d'exemples de ses heureux effets sur des sols légers et durs. Employée à raison de 40 charretées par arpent pour les navets, elle produit un effet supérieur à celui d'un fort engrais de ferme. De nombreuses expériences ont été faites par différents fermiers qui les ont répétées comparativement avec les cendres d'argile, à raison de 400 boisseaux par arpent, 100 de celles de bois, et 50 de suie, étendues sur une égale portion de terrain froid, humide, tenace, et appliquées à différentes récoltes dont le produit qui suit est vraiment frappant.

	NAVETS.		KOHLRABI.		POMMES DE TERRE.	ORGE.
	tonneaux.	quintaux.	tonneaux	quintaux.	boisseaux	hectolitres.
Argile brûlée . .	25	2	6	$17^1/_4$	480	12
Cendres de bois. .	23	12	3	$18^1/_4$	456	12
Suie.	16	$12^1/_4$	4	$17^1/_4$	432	12
Sans revêtement. .	10	4	4	$7^1/_2$	340	9

Il paraît ainsi, que dans chacun de ces cas, l'argile brûlée a eu la supériorité ; la disparité entre les navets qui avaient

eu un revêtement, et ceux qui n'avaient point eu cet avantage, est en partie attribuée à la protection ainsi offerte aux
jeunes plantes contre les pucerons ; mais il est difficile de se
rendre compte du déficit extraordinaire dans le produit du
kohlrabi étendu avec les cendres de bois, en le comparant
avec la partie laissée sans engrais, autrement qu'en adop-
tant le principe qu'il doit y avoir eu quelque cause contra-
riante.

Il est très probable, cependant, que si les diverses substances qui ont servi à ces expériences avaient été employées
ensemble, le produit total aurait été plus grand.

Brûler de l'argile est une opération qui exige beaucoup
d'expérience et de tact ; on doit la faire dans des fours, et la
continuer avec une surveillance constante nuit et jour pendant tout l'été.

L'usage de l'argile brûlée n'a cependant pas toujours été
couronné d'un succès uniforme, et dans beaucoup de circonstances il a tout-à-fait manqué son effet : cela provient de
ce que l'argile brûlée ne peut pas fournir tout ce que des plantes exigent dans des sols entièrement ou en grande partie
épuisés. C'est uniquement un moyen de développer la fertilité
des sols argileux, et il y contribue en améliorant leur condition mécanique ; et s'il y a de la chaux dans le sol, en déga-
geant la potasse de l'argile, l'application de l'argile brûlée
uniquement à des sols épuisés est un des nombreux exemples de fausses tentatives pour produire la fertilité par des
moyens insuffisants.

Liebig attribue l'effet de l'argile brûlée, en partie à son
affinité très puissante avec l'ammoniaque qu'elle attire de
l'air et transmet à la plante, et à la potasse dégagée de l'argile par l'effet du feu. A l'égard de l'action de la chaux vive
sur l'argile, il dit :

« L'argile est produite par l'union de certaines de ses par-

« ties constituantes ; et, ce qu'il y a de plus remarquable, la
« plupart des alcalis qui s'y trouvent sont mis en liberté. Ces
« importantes observations furent faites, dans le principe,
« par Fuchs, de Munich ; et elles ont conduit non-seule-
« ment à des conclusions sur la nature et les propriétés des
« pierres calcaires, mais, ce qui est encore plus remarqua-
« ble, elles ont expliqué l'action de la chaux éteinte sur les
« sols, et ont fourni ainsi un moyen inappréciable de dé-
« gager les alcalis qui sont indispensables à l'existence des
« plantes. »

Une cause de l'effet favorable de la chaux brûlée peut être
la matière calcaire (carbonate de chaux), qui, lorsqu'elle est
brûlée, agit de la manière indiquée ; et la non réussite peut
être due à son absence, conjointement avec d'autres incon-
vénients qui y contribuent. On sait que la marne *brûlée* est
un engrais plus puissant que lorsqu'elle ne l'est pas, et ici
l'argile et la chaux sont présentes.

En parlant d'un sol dans les environs de Brunswick,
Liebig fait observer qu'il fut rendu encore plus riche par
l'usage de la marne brûlée, engrais qui abonde en fer, en
potasse, en gypse et en phosphate de chaux. La marne,
ajoute-t-il, n'exerce pas une action aussi favorable quand
elle est appliquée dans son état naturel ; mais la chaleur
dégage la potasse du compost insoluble qu'elle forme avec
la silice.

Les Résidus des fabriques de Savon, où l'on fait usage
des cendres de bois pour cette fabrication, ainsi que de celles
de soude brute, offrent un précieux engrais pour les terres
herbagères, particulièrement dans celles argileuses et dures.
Leur effet est principalement dû à la silice de potasse et au
phosphate de chaux ; on en a fait l'application avec un grand
succès sur la terre herbagère contenant de l'argile jaune et
dure, à raison d'environ dix ou douze tonneaux par arpent ;

mais il y a des cas où le double de cette quantité a été employé avec un bon effet sur des sols lourds et tenaces. La
valeur de cet engrais dépend des matières dont on se sert
dans la fabrique; mais lorsqu'elles consistent en rebuts provenant de savon dur, on peut l'employer dans les proportions suivantes :

Sur une forte terre labourable, de 200 à 240 boisseaux.
Terre glaise pour froment. . . 160   200
—   Pour navets et orge . 120   160
Pâturage.   . . . 160   200

On a généralement obtenu de bons effets sur des terres
humides.

La Chaux joue un rôle très important pour la fertilité
des sols. La pierre calcaire la plus pure, c'est-à-dire la plus
belle espèce de marbre, consiste en chaux et en gaz acide
carbonique. L'équivalent de la chaux est 28, et elle s'unit
avec un atôme de gaz acide carbonique (dont l'équivalent,
comme on l'a déjà dit est 22), pour former du carbonate de
chaux ou de la terre calcaire pure. Quand cette terre calcaire
est brûlée dans un four, le gaz acide carbonique s'échappe,
et elle devient une chaux caustique ayant perdu 22 parties
sur 50, ou 40 pour cent de son poids. Mais toutes les pierres
calcaires ordinaires sont plus ou moins impures, et particulièrement celles qui servent à faire le mortier pour les bas-
sins des jets d'eau. Ces pierres calcaires contiennent de l'argile et de la potasse; c'est à cela, et particulièrement à la
potasse, que l'on doit attribuer une grande partie de leur
vertu fertilisante. Quand la chaux vive ou nouvellement
brûlée est exposée à l'air, elle s'éteint en attirant l'humidité:
et quand elle est parfaitement éteinte sous couvert, ou
qu'elle n'a point été exposée à la pluie, elle a imbibé près
d'un tiers de son poids d'eau primitif; c'est-à-dire que
28 parties de chaux vive pure en deviendront 37 de chaux

éteinte, ou, comme les chimistes l'appellent, hydrate de chaux. Si cette chaux éteinte est exposée plus longtemps encore à l'action de l'air, elle en imbibe graduellement le gaz acide carbonique, qui est toujours contenu dans l'air, et alors elle est convertie en chaux douce ou en terre calcaire en poudre; durant ce changement, elle se sépare de l'eau, car il n'y a ni eau dans la terre calcaire ni carbonate de chaux.

La chaux vive n'est pas chaude en elle-même, à proprement parler; la chaleur produite par la chaux qui s'éteint provient de l'eau, dont les éléments solides s'unissent avec la chaux et évaporent la chaleur qui les rendait auparavant fluides. La chaux, dans son état caustique, agit comme un poison sur les plantes en détruisant leur tissu; et c'est par cette raison que la chaux magnésienne, lorsqu'elle est appliquée en grande quantité, est nuisible; car cette espèce de chaux reste longtemps dans un état caustique à cause de sa plus faible attraction de l'acide carbonique. On ne devrait jamais appliquer la chaux à l'engrais de ferme pour faire du compost, ni à la terre récemment parquée, parce qu'elle fait échapper l'ammoniaque de l'engrais. Elle agit très favorablement sur la tourbe et sur tous les sols contenant beaucoup de matière végétale brute, formant avec eux de précieux composts par les raisons déjà présentées.

La Marne est un engrais minéral très précieux dont l'opération a été peu comprise, quoiqu'on s'en serve depuis des temps très reculés. Elle se compose d'argile et de carbonate de chaux en proportions très variables, et de petites quantités de potasse, de phosphate et de sulfate de chaux. Sa valeur, comme engrais, est généralement estimée à cause de la plus grande ou de la moindre quantité de carbonate de chaux qu'elle contient, ce qui est indiqué par le degré d'effervescence qui a lieu quand l'acide muriatique ou sul-

furique étendu d'eau est versé sur elle dans un vase, effervescence qui contient souvent la plus grande quantité de
carbonate de chaux.

Depuis deux ou trois ans, la marne a été regardée comme
améliorant le sol, en ce qu'elle ne donne que du carbonate
de chaux, qui est la pierre calcaire dans un état de grande
division; mais les chimistes allemands, et particulièrement
Sprengel, ont fait la découverte importante qu'elle doit sa
principale vertu à la présence de substances salines, car on
a trouvé qu'elle contient du sulfate, et du phosphate de
chaux et de la potasse. Néanmoins, toutes les fois qu'on
pourra se procurer de la marne à une distance convenable,
ce sera un engrais précieux pour la plupart des terres, et
qu'on doit employer de préférence à toute autre substance
terrestre pour faire un compost. La seule chose à observer
dans son application pour les terres herbagères, c'est de ne
pas l'étendre en morceaux trop gros, qui détruisent l'herbe
en interceptant l'air. Une forte couche de quarante à cinquante charretées par arpent durera un grand nombre
d'années. En la calcinant ou en la brûlant dans des fours,
elle devient beaucoup plus puissante dans ses effets, mais
probablement elle ne dure pas aussi longtemps. Par cette
opération, la silice de potasse dans l'argile est décomposée
et la potasse devient bonne immédiatement pour les plantes.

Ayant ainsi parlé des diverses substances qui constituent
l'engrais de ferme, et donné une description de la nature de
ces diverses substances, nous allons nous occuper du meilleur mode de les appliquer, de manière à en obtenir le résultat le plus satisfaisant, et entrer dans des détails sur la
pratique et les opinions des agriculteurs les plus éclairés.

Dans l'application de l'engrais de ferme, il se présente
deux objets essentiels : d'abord, empêcher que rien ne se
perde, et ensuite, augmenter la quantité de fumier par tous

les moyens. On doit avoir soin de ne laisser fermenter le fumier que quelques semaines avant de le mettre dans le sol,
et alors de veiller à ce que la fermentation n'arrive qu'à un
degré qui en rende l'application aisée, et qui facilite sa décomposition lorsqu'il est dans le sol.

La cour d'une ferme étant le dépôt général du fumier dans
son état brut, on doit veiller à donner à l'endroit où on le
dépose, la forme la mieux adaptée pour le conserver et l'a-
mener à l'état de perfection ; et à cet égard, il y a peu de divergence d'opinion : quelques théoristes recommandent de
faire ces endroits assez *concaves* pour avoir presque la forme
d'un puits, donnant pour raison à l'appui de leur opinion,
« que les vertus du fumier ne peuvent être conservées qu'au-
« tant qu'il est saturé d'urine ou de quelqu'autre humidité ; »
d'autres soutiennent que les réservoirs à fumier devraient
être *convexes*, par la raison, selon eux, que le fumier de
ferme doit être tenu sec. L'expérience pratique, toutefois,
indique qu'un terme moyen entre ces deux extrêmes est ce
qui convient le mieux, et la forme la plus usitée est de donner de la pente des côtés vers le centre, en faisant au centre
ou à l'extrémité inférieure, comme on le trouvera le plus
convenable, un réservoir (qu'on peut établir à moins de frais
que ne le croient généralement les fermiers), pour recevoir les
filtrations du fumier, réservoir vers lequel toute la surface
de la cour devrait avoir une légère inclinaison. Le fond doit
être fait en gravier et chaux brune concrète pulvérisée ; et
dans le cas où la cour aurait une pente de tous côtés vers le
centre, on établirait un égout qui communiquerait du centre au réservoir placé, dans ce cas, en dehors des bâtiments.

On doit avoir soin de détourner les eaux de toute espèce,
qui ne doivent point aboutir au fumier, à l'exception de l'eau
de pluie qui tombe directement dessus. Indépendamment
du tort que fait à l'engrais l'excès d'eau, il y a aussi la con-

sidération matérielle de tenir les bestiaux qui sont dans les
cours, aussi chaudement et aussi à l'abri de l'humidité que
possible. La litière des écuries et la paille perdue des mangeoires devraient y être jetées constamment, ce qui contri-
buera à leur bien-être. Si cependant il y a un égout et un réservoir, il ne faudrait joncher la cour d'aucune espèce de
terre, mais y maintenir une couche de paille mêlée avec des
rognures de haies d'épines, de tiges de pommes de terre, ou
de substances fibreuses qu'on brûle généralement, ainsi que
des racines d'herbe, qu'on devrait recueillir de la ferme pour
les mêler avec un peu de chaux-vive, afin d'en assurer la décomposition. Le fumier des bestiaux nourris à l'étable, les
résidus des auges à porc, et toute espèce de végétaux de rebut, ou d'excréments d'animaux, ainsi que les balayures,
l'eau de savon, les eaux ménagères devraient être jetés régulièrement sur la surface et recouverts ensuite avec de la
paille de rebut. En agissant de la sorte, l'engrais sera d'une
qualité sans égale, et la récolte, fût-ce dans le même champ,
offrira souvent une grande différence.

Une coutume assez commune, c'est d'étendre une certaine
quantité de terre ou de sable de route dans la cour, pour servir au repos des bestiaux quand on les rentre pour l'hiver,
et cela dans la vue d'absorber leur urine et de créer ainsi,
ou du moins de retenir une portion précieuse d'engrais, qui
autrement serait perdue. On ne peut nier que ce ne soit une
considération d'importance matérielle, quoique contrariée en
quelque sorte par le froid et l'humidité que cela occasionne
aux bestiaux. Si l'on peut se procurer de la tourbe, à peu de
distance, pendant le temps d'été, il conviendrait de la faire
transporter à portée de la cour, et après l'avoir étendue pour
la rendre assez sèche, on la mettra en tas pour servir à l'occasion pendant l'hiver, la cour en ayant été d'abord couverte
aussitôt que le fumier de l'approche de l'hiver a été enlevé

Il serait bon d'étendre sur la surface du fumier la tourbe employée ainsi ; mais dans le cas où l'on ne pourrait pas s'en procurer, quelques quintaux de gypse, qu'on peut avoir à sa portée, y suppléeront en en jetant sur le fumier de temps à autre, ainsi qu'une petite quantité de sel marin, ou, à défaut, de sel ordinaire. On ferait bien aussi de jeter un peu de gypse tous les jours sur les planchers des écuries où l'urine coule ; on l'enlèvera avec la litière pour le transporter au dépôt général dans la cour.

De temps en temps, comme les filtrations de l'engrais s'accumulent dans le réservoir, il faut les pomper ou les reverser sur toute la surface du tas, de manière à tenir le corps de la masse dans un état constant d'humidité modérée ; car rien n'est plus préjudiciable à la qualité de l'engrais que de le faire passer alternativement de l'humidité au sec, et on fera bien de jeter de la litière sèche sur la surface. On doit tenir le tout bien tassé, précaution qui n'est pas nécessaire quand le gros bétail est tenu dans la cour, ce qui arrive généralement ; cette précaution est bien à désirer pour empêcher la fermentation prématurée du fumier. L'usage du sel marin est évident par ce qui a été dit de sa composition ; celui du gypse est nécessaire pour empêcher l'évaporation de l'ammoniaque quand le fumier entre en fermentation, tandis que la tourbe agit comme un absorbant, et devient un engrais précieux quand elle a fermenté. En pompant de nouveau les filtrations, les sels solubles sont conservés et le fumier se maintient humide. A l'aide d'arrangements semblables ou analogues, l'effet de l'engrais d'une ferme serait de près du double aussi grand que lorsqu'on les néglige ; il serait à propos aussi que le fermier s'assurât si la terre à laquelle il applique son engrais en temps utile offre de bons effets de la poudre d'os ; dans ce cas, cela prouve que la terre perd sa fertilité, faute de cette substance, qui est celle qui

s'épuise le plus souvent. En pareil cas (et probablement ils
sont très-nombreux), la poudre d'os, semée à la main dans
la cour à des intervalles convenables, et à raison d'environ
deux boisseaux pour vingt charges d'engrais, pourrait avoir
un meilleur effet sur les récoltes qu'en la distribuant séparément dans le champ, et elle tiendrait lieu probablement
d'une plus forte couche de fumier.

La cour à fumier doit être considérée comme une fabrique
d'engrais et l'on doit y apporter autant de soins et d'attention, si le fermier a le désir de placer son premier art sur un
pied égal à celui des autres branches de l'agriculture. Quand
on juge nécessaire d'enlever l'engrais, afin d'avancer le travail de la saison, on doit avant tout réunir une certaine
quantité de tourbe, de marne, de sable de route à l'endroit
destiné à recevoir le fumier. La base du tas devrait être revêtue de six à neuf pouces d'épaisseur de ces matières, suivant la nature du fumier qui doit la recouvrir, et il convient
qu'elle soit inclinée au centre, de manière à retenir autant
que possible la filtration du tas ; les côtés doivent être droits
et le haut uni. A la fin de l'enlèvement, les deux extrémités
doivent être élevées au niveau général du tas, et toute la
surface, y compris le haut, les côtes et les extrémités, doit
être revêtue de terreau ou d'autres matières qu'on s'est pro-
curées à cet effet. Environ un mois ou six semaines avant
qu'il faille mettre l'engrais sur la terre, on retourne le tas,
on mélange bien la terre avec le fumier, et l'on place une
autre couche de terre contre les côtés et au-dessus du haut
du tas, ce qui tiendra le tout humide et empêchera l'évaporation des gaz produits par la fermentation.

Lorsque la dernière réserve du fumier est enlevée au printemps pour la terre alors en préparation, on ne doit pas
faire passer les charrettes sur le tas, mais le fumier doit être
déposé sur une couche de terre préparée pour le recevoir, et

quand le tas est fini, il faut l'encaisser et le couvrir avec de la terre comme on l'a indiqué. On suppose dans ce cas que le fumier est enlevé environ un mois avant de s'en servir pour semer des navets. A l'expiration de ce temps, le fumier sera dans un état de grande fermentation, et quand il sera transporté dans les sillons du champ, la charrue doit suivre aussi vite que le fumier y est étendu, et par ce moyen le fumier est recouvert tandis qu'il fume encore.

Après avoir donné notre attention à la nature du fumier de ferme, ce qui peut mériter la pensée sérieuse du fermier-pratique, c'est de savoir si la partie du produit des cours, qu'il faut garder jusqu'à l'automne ou l'hiver, ne serait pas mieux conservée et d'une manière plus profitable en y intercalant des couches de terreau, de marne ou de tourbe; enfin, en formant un compost.

Grâce à cette disposition, la grande perte qui arrive fréquemment par l'excessive fermentation ou la négligence n'aurait pas lieu. En faisant avec soin dans la cour le mélange des divers ingrédiens, le fumier sera de qualité uniforme; et en agissant ensuite comme on l'a dit, ni l'ammoniaque, ni le humus ou matière végétale en putréfaction, ne seraient matériellement diminués par cette fermentation bien entendue; les sels solubles ne seraient pas entraînés non plus; et de cette manière, presque toute la puissance de l'engrais serait transmise à la récolte dans la proportion des soins et de la diligence du fermier, avec le secours de la tourbe, des curages de fosses, des eaux ménagères et des rebuts de toute espèce, du gypse et du sel; les deux derniers étant mélangés de manière à entrer pour 50 kil. de chaque par arpent de terre dans l'engrais employé, sont très précieux.

Si l'on a montré trop peu de soin, et si peu d'entente jusqu'à présent pour tout ce qui concerne le fumier de ferme,

ce n'est pas une raison pour continuer une pareille négligence. Les succès d'un père ou d'un grand-père sont loin
d'être une preuve que leur méthode, sous beaucoup de rapports, ne puisse pas être améliorée, quoique ce genre d'ar-
gument soit parfois mis en avant. On devrait plutôt attribuer
ces succès à leur industrie et à leur intelligence, qu'ils ont
appliquées en se prévalant des lumières que leur époque leur
a offertes, qu'à une marche aveugle sur les traces de leurs
prédécesseurs. Les expériences sont des questions adressées
à la nature, et les résultats de ces expériences sont ses réponses. Le chimiste a fait de pareilles questions à la nature
sur la composition des plantes et de leurs graines, et elle lui
a répondu : « qu'elles sont formées de certaines bases ap-
« pelées par lui terres et alcalis, combinées avec certains
« acides et certaines substances gazeuses de la nature; et de
« ces terres, de ces alcalis, des acides et des matières ga-
« zeuses, elle leur avait déjà donné l'explication. »

La même question a été soumise à l'égard de la composition de l'excrément et de l'urine des animaux nourris de
plantes et de leurs graines ; et la réponse a été, comme on
pouvait s'y attendre. « Qu'elles consistent précisément dans
les mêmes substances, seulement sous une forme altérée.
Le chimiste en a inféré naturellement que ces substances
sont l'aliment des plantes, sans lequel elles ne peuvent pas
exister ; et même encore, que si toutes ces substances ne
sont pas présentes, la plante ne peut pas se former. Mais
le fermier n'a pas tenu compte de ce conseil ; sans savoir
de quoi ses plantes sont formées, qu'un bon nombre de substances différentes sont nécessaires pour leur nourriture, et
que la présence de toutes ces substances est requise pour
l'accomplissement de toutes les conditions de leur croissance, il applique une substance seulement, un sel individuel ; et s'il arrive que ce soit la substance même qu'il

fallait, pour accomplir les conditions de la fertilité, il obtient une récolte. Encouragé par ce succès, il applique le
même sel à un autre champ avec la pleine confiance qu'il
produira un semblable effet. Dans ce cas, à la grande sur-
prise et au désappointement du fermier, il n'obtient rien :
tel a été le sort de plusieurs sels différents, les uns après
les autres.

Les succès accidentels et les déceptions fréquentes de ces
engrais très imparfaits ont conduit les hommes qui réflé-
chissent, à se convaincre que d'autres connaissances que
celles que possèdent les fermiers en général, étaient nécessaires pour leur expliquer leurs besoins ; et de cette manière,
ils ont prêté l'oreille aux instructions du chimiste.

Quand le fermier a besoin de suppléer à son propre
engrais, à son fumier de ferme, s'il ne sait pas positivement
ce qu'il y a dans la terre, il devrait se procurer un engrais
qui contînt, sinon toutes les substances renfermées dans ce
fumier, du moins celles qui le plus probablement ne se
trouvent pas dans la terre; et sur quatre-vingt-dix-neuf cas,
ce sera le nitrogène, sous la forme de sels d'ammoniaque,
de phosphate de chaux, et la magnésie (terre d'os), la
potasse, et un sel d'acide sulfurique. Ces substances
peuvent être obtenues par un mélange de suie, de poudre
d'os, et des cendres de bois ou de tourbe; si l'on se sert
de ces dernières, il faut que ce soit en grande quantité.

Un parfait engrais mixte, ou compost portatif, doit contenir des sels d'ammoniaque, de potasse, de soude, de
chaux, et de magnésie, formés par l'union de ces bases
avec des acides carbonique, sulfurique, muriatique et
phosphorique, c'est-à-dire le carbonate d'ammoniaque, le
carbonate de potasse, le sulfate de chaux, le phosphate de
chaux et le magnésie (terre d'os), et le muriate de soude
(sel ordinaire).

Dans les substances employées, peu importe comment, les acides et les bases sont combinés, pourvu qu'en somme totale on ait tous les acides et toutes les bases : la nature est un alchimiste, qui préparera elle-même l'aliment convenable des plantes, à condition que leurs éléments lui soient fournis sous une forme ou sous une autre. Dans ses laboratoires (le sol et les organes des plantes), elle sépare le phosphore des phosphates, le soufre des sulfates, le carbone de l'acide carbonique, l'hydrogène de l'eau, et combine toutes les bases alcalines et terrestres avec des acides organiques ou végétaux de sa propre formation. Par les mêmes procédés admirables, les acides sont séparés de leurs bases et combinés avec d'autres. Tout cela résulte de l'inspection des analyses de plantes entières et des sols qui les ont produites. Il n'y a ni nécessité ni motif suffisant pour donner la quantité proportionnelle de chaque sel séparé : car la quantité voulue de chacun d'eux variera toujours selon ce que la terre en contient déjà, et suivant que les diverses récoltes dans une rotation le réclament : d'après des expériences analytiques faites avec soin et d'après un système d'assolement de quatre ans, de bonnes récoltes enlèvent à la terre dans le produit de ce temps environ les quantités et proportions des substances minérales suivantes par arpent : et, en supposant qu'on ne fasse consommer à la terre aucune des récoltes, et qu'on n'emploie que des engrais artificiels, ces quantités doivent lui être rendues pour entretenir la fertilité, savoir :

Potasse.	200 kilos.
Sel ordinaire.	300
Sulfate de chaux.	125
Poudre d'os.	125

Mais si l'on fait consommer à la terre les navets et le trèfle, la moitié de la quantité de ces substances minérales suffirait. Il en est, parmi elles, qui sont plus sujettes à s'épuiser que d'autres, et par conséquent on doit y suppléer en les introduisant dans le compost. Ce sont le phosphate de chaux et de magnésie (os) et les sels d'ammoniaque, de soude et de potasse, auxquels le fermier doit avoir soin de suppléer. Le phosphate de chaux et de magnésie, qui manque le plus souvent est fourni par la poudre d'os; l'urine, la suie, et l'eau distillée du charbon des fabriques de gaz (sulfate d'ammoniaque), sont les principales sources de l'ammoniaque; les cendres de varech, celles de bois et de tourbe, fournissent la soude et la potasse.

C'est à cause de l'épuisement constant de ces substances par les récoltes de grain et par les bestiaux, et de la quantité insuffisante dont elles sont pourvues par le tombereau à fumier, et par les opérations de la nature au moyen de céréales et de jachères, que lorsqu'elles sont appliquées séparément, elles produisent souvent des effets si surprenants, dont on a des exemples dans la suie, qui contient beaucoup d'ammoniaque, et dans la poudre d'os, qui consiste principalement en phosphate de chaux et de magnésie. On sait parfaitement quel effet puissant une solution de potasse produit sur la croissance des herbes et du trèfle. Les sels de soude et le sulfate de chaux, quoique non moins indispensables aux plantes que les substances déjà mentionnées, sont peut-être de moins d'importance dans les composts, par la seule raison qu'ils sont fournis plus généreusement par la nature, et qu'on en trouve en plus ou moins grande quantité dans la plupart des sols. Toutefois, comme on ne peut pas être certain de leur présence d'une manière suffisante sans de grandes connaissances chimiques, il est plus sûr de les ajouter sous la forme de sel ordinaire et de gypse.

Au bout d'un certain temps, la terre perd une grande

portion des substances inorganiques ou minérales, qui sont indispensables à la croissance des plantes, et qui en sont retirées chaque année sous la forme de grain, de bétail, de moutons, ou de laine ; et l'époque arrivera nécessairement où les récoltes seront défectueuses.

Ce déficit affectera différentes récoltes dans des sols particuliers. Dans un, le trèfle manquera ; dans un autre, ce seront les navets ; dans un troisième, les céréales ou les plantes légumineuses, selon l'absence d'une ou plusieurs des substances indispensables à ces différentes récoltes. Ces déficits partiels dans des sols seront influencés par leur constitution primitive, par des causes accidentelles ou artificielles, et par les récoltes particulières qu'on y a faites. Le caprice apparent de l'effet de sels particuliers, quand ils sont employés comme engrais, ne peut s'expliquer que d'après ce principe. C'est de cette manière qu'on peut facilement comprendre pourquoi un sel quelconque, qui a produit un grand effet sur un sol, n'offre qu'un petit avantage sur un autre sol, et échoue entièrement sur un troisième. Il produira un grand effet, lorsqu'il arrivera que ce sel particulier manque dans le sol, quand toutes les autres substances s'y trouvent en quantité suffisante. Il produira un effet modéré, quand l'absence de ce sel est peu considérable, ou que quelques autres sels manquent.

Il ne produira *aucun effet* du tout, quand il est déjà abondant dans le sol, ou quand quelqu'autre substance, également acquise par les plantes, manque en partie ou est tout-à-fait absente. Cet effet accidentel de simple sel pour produire une grande récolte devrait faire réfléchir avec quelle rigidité la nature exige l'accomplissement de toutes les conditions de la fertilité dont ce sel n'a été que le complément ; tandis que le manque fréquent du même sel devrait indiquer que ces conditions étaient incomplètes faute de quelque autre partie de l'aliment des plantes.

On n'ignore pas que la terre, qui a éprouvé le besoin de trèfle, donnera souvent de belles récoltes en la préparant avec une quantité pour ainsi dire insignifiante de gypse ; et lorsque cette substance manque, l'addition de cendres de bois ou même de tourbe, produira l'effet désiré. Dans le premier cas, le gypse seul manquait ; dans le second, cette substance et la potasse faisaient défaut. Les substances contenant beaucoup d'ammoniaque amélioreront généralement la qualité et la quantité du blé ; mais si en même temps il n'y a pas de phosphates dans le sol, l'épi sera encore inférieur ; et si c'est de la potasse, la paille sera faible et plus sujette à coucher de bonne heure, et à souffrir de la nielle. D'après les considérations qui précèdent, et ce qui a déjà été dit sur cet important sujet, il doit paraître évident, qu'on éprouvera de fréquents désappointements et même des pertes, en employant un sel quelconque pour suppléer à un engrais. Quand les engrais sont parfaits, c'est-à-dire quand ils contiennent toutes les substances que les plantes requièrent, tel que le fumier de ferme, des préparations de matières fécales, du guano ou la fiente d'autres oiseaux, qu'on ne peut pas se procurer, il faut avoir recours alors à des mélanges artificiels : or les substances qui sont le plus souvent épuisées par les causes qui ont été mentionnées, sont le phosphate de chaux et de magnésie (terre d'os), la potasse, l'ammoniaque et le gypse, comme on l'a déjà dit.

L'efficacité de ces substances, appliquées séparément, est généralement rangée dans l'ordre où elles sont placées, et dans des situations lointaines et intérieures ; on doit y comprendre aussi le sel ; un mélange de ces substances manquerait rarement de produire les meilleurs effets sur le grain et sur les céréales. On a reconnu qu'individuellement elles produisaient cet effet, et le contraire est arrivé aussi ;

mais les engrais qui les ont toutes comprises n'ont peut-
être jamais trompé l'attente du fermier, et nous en avons
déjà donné la raison. La quantité des sels purs nécessaire
pour tenir la terre en bon état, lorsqu'elle est soumise à
une culture régulière de grain et de céréales, est très petite :
et peut-être quatre boisseaux suffiraient pour remplacer,
sur un arpent de terre, la perte de ces substances pendant
cinq ans. À une époque où les améliorations en agriculture
seront plus avancées, il est plus que probable qu'on préparera des engrais artificiels, appropriés à chaque récolte
particulière, c'est-à-dire des engrais contenant les subtances
plus spécialement requises par chacune d'elles, comme les
Chinois passent pour le faire à l'époque actuelle.

Les sources les plus généralement efficaces de ces sels
sont la suie, la poudre d'os, et les cendres de soude brute ;
il vaut mieux ne les réduire qu'en charbon, ou mêler les
deux premiers avec des cendres de bois ou de tourbe, du
gypse, et du sel marin ; si l'on fait usage des cendres de
tourbe, on peut se dispenser de gypse.

On doit entendre que la quantité ci-dessus donnée a
rapport aux sels purs, indépendamment des matières gros-
sières et inutiles avec lesquelles ils sont généralement, et
l'on peut dire, nécessairement mêlés. Cette quantité s'applique à la terre, qui reçoit en temps opportun le fumier ordinaire de ferme ou l'engrais de terre parquée. On s'est servi
profusement, dans un grand nombre de cas, de la poudre
d'os, et en quantité beaucoup plus grande, que des phosphates dont elle se compose principalement. Cette substance a été employée dans quelques localités jusqu'à ce
qu'elle ait cessé de produire de l'effet, même avec l'aide du nitrogène, que tous les os contiennent plus ou moins, à moins
qu'ils ne soient calcinés : le fait est qu'on l'a appliqué inconsidérément jusqu'à ce que d'autres substances également

utiles aux plantes aient été épuisées ; on a vu même employer des raclures de corne, qu'on regarde comme l'un
des plus puissants engrais, jusqu'à ce que cela ait cessé
de produire aucun effet, et par la même cause.

Appliquer ces substances partielles pour engrais, ce n'est
pas remplir toutes les conditions de la fertilité, et le désappointement s'ensuit naturellement.

Quoique la nature nous fournisse de l'ammoniaque aussi
bien que du carbone, par l'intermédiaire des céréales, pourtant, pour maintenir un haut degré de fertilité dans les
récoltes de grains, et spécialement dans la production du
froment, on doit considérer l'ammoniaque comme l'un des
plus importants ingrédiens d'un engrais mixte efficace ; et
pour former un engrais dont le succès soit certain sur toute
espèce de terre, les substances contenant des sels d'ammoniaque doivent être ajoutées aux substances inorganiques
et minérales, qui constituent les cendres des plantes et
des graines que l'on veut faire produire à la terre. On
n'en doit omettre aucune, à l'exception de celles qu'on sait
exister déjà dans le sol en une quantité qui n'en fasse pas
craindre l'épuisement. On ne peut avoir que rarement besoin de silice, et encore moins d'oxide de fer. Le muriate de
soude (sel ordinaire) et le sulfate de chaux (gypse) sont les
premières substances les moins sujettes à manquer dans le
sol ; mais trop peu de terres cultivées régulièrement contiennent assez d'ammoniaque, de phosphate et de potasse ;
et par conséquent un mélange de suie, de cendres de bois,
de poudre d'os et de colza, ne peut que produire un effet
plus puissant sur ces terres.

Le meilleur mode d'employer des engrais de cette espèce
est certainement de les mélanger avec des cendres de charbon de terre ou de tourbe, où ces acides sont nécessaires, et
de les livrer au sol en même temps que les semences : c'est

la méthode la plus généralement adoptée aujourd'hui en Angleterre.

L'emploi d'**Os concassés** comme substance fertilisante n'est pas de très ancienne date. Nos aïeux, bien qu'ils employassent divers engrais artificiels tels que la craie, la chaux et la marne, n'en connaissaient pas l'usage.

Les os des animaux ne varient pas beaucoup dans leur composition : Ils contiennent tous du phosphate et du carbonate de chaux, avec une portion de cartilage de matière animale, et d'autres ingrédiens de moindre valeur.

Les os de bœuf ont été analysés par Berzélius, qui a trouvé qu'en les calcinant, chaque 100 livres perdaient 33 livres de poids. Cent parties de ces os, avant la calcination, consistaient en :

Cartilage.	33 30	parties.
Phosphate de chaux	55 35	
Fluate de chaux.	3	»
Carbonate de chaux (craie).	3 85	
Phosphate de magnésie	2 5	
Soude, avec un peu de sel ordinaire.	2 45	
Total	100	»

Les crabes, les homards, les écrevisses et les coquilles d'œufs, etc., sont composés des mêmes ingrédiens que les os. Les pauvres de Dublin (en Irlande) sont souvent employés à broyer des écailles d'huîtres pour servir à l'agriculture, et l'on pourrait adopter cet usage avec profit dans un grand nombre d'endroits populeux ; quoique l'on ne trouve pas dans ces écailles la même proportion de phosphate de chaux que dans les os, cependant elles en renferment une quantité suffisante pour les rendre d'un grand prix comme substances fertilisantes.

Cent parties de coquilles de homards donnent :

Carbonate de chaux (craie) . . . . . 60 parties.
Phosphate de chaux 14
Cartilage 26

Total. . . . 100

Cent parties de coquilles d'écrevisses contiennent :

Carbonate de chaux . . . . 60 parties.
Phosphate de chaux 12
Cartilage. 28

Total. . . . 100

Cent parties de coquilles d'œuf de poules contiennent :

Carbonate de chaux 89 6
Phosphate de chaux 5 7
Matière animale 4 7

Total. . . . 100 »

Les cornes sont semblables aux os dans leur composition.

Examinons maintenant quelles sont les parties constituantes d'os qu'on trouve aussi dans des substances végétales.

Le cartilage d'os est composé, d'après l'examen de M. Hatchett, d'une substance à peu près identique dans toutes ses propriétés avec l'albumen solide.

Cent parties d'albumen sont composées de :

Carbone. . . . . . . 52 888 parties.
Oxigène. 23 872
Hydrogène 7 540
Azote 15 705

Total. . . 100 »

Il est inutile de spécifier aucune des substances végétales
dans lesquelles les trois premières entraient, car le monde
végétal en est presqu'entièrement composé, et l'on trouve
parfois aussi, quoique rarement, une portion d'azote dans les
substances végétales, mais les trois premières s'y rencon-
traient invariablement. La farine de blé, le poison mortel
de la belle de nuit (morelle), l'acide oxalique de l'oseille
sauvage, le lait narcotique de la laitue, l'odeur repoussante
de l'ail et les parfums de la violette, ne sont que quelques-
uns des résultats de la combinaison de différentes proportions de carbone, d'oxygène et d'hydrogène.

Mais la principale partie constituante, dans tous les os
déjà indiqués, est le phosphate de chaux ; et l'on reconnaîtra combien cette substance est nécessaire pour la végétation salutaire des plantes d'après la table suivante, qui
contient les résultats de l'examen, par MM. Saussure et
Vauquelin et par quelques autres chimistes distingués, des
cendres ou des parties solides que contiennent certaines
substances végétales. Cent parties des cendres de :

Avoine, ont donné du phosphate de chaux. 39 3 parties
Paille de froment, phosphate de chaux et de

magnésie. 6 2
Grain de blé. 44 5
Son de blé. 46 5
Graine de vesce 27 92
Graine de verge d'or (solydago vulgaris). . 11 »
Tourne sol (helianthers annus) 22 5
Paillette d'orge 7 75
Grain d'orge. 42 5
Grain d'avoine . . . . 24 »
Feuilles de chêne . . . . 24 »
Bois de chêne. 4 5
Écorce de chêne 4 5

Feuilles de peuplier. . . . . 13 »
Bois   id. 16 75
Feuilles de coudrier. 23 3
Bois   id.   . . . . 35 »
Ecorce   id. 5 5
Bois de mûrier 2 25
Ecorce   id. 8 5
Bois de charme . . . . 23 »
Ecorce   id. 4 6
Pois 17 5
Bulbe d'ail. 8 9

On a trouvé aussi du phosphate de chaux dans des fèves de marais (vicia faba), dans des pois en cosse, dans le riz, dans le sapin d'Ecosse, dans le quinquina de St-Domingue, et dans beaucoup d'autres plantes et arbustes. En effet, comme le remarque le docteur Thomson, « le phosphate de chaux est un constant ingrédient dans les plantes. »

On ne saurait nier la puissance des végétaux pour dissoudre et se nourrir de la substance dure des os écrasés d'animaux, si l'on se rappelle que les cendres de la paille de blé sont composées de 61 ½ pour cent de silice, substance encore plus dure que les os les plus durs.

Et ce n'est pas un cas isolé, car la même terre abonde en une proportion encore plus grande dans la paille d'autre grain. Vauquelin en a trouvé 60 $^3/_4$ pour cent dans les cendres d'avoine en grain ; et il y en a une si grande quantité dans les roseaux hollandais, que les tourneurs les emploient pour polir le bois, et même le cuivre.

On n'ignore pas qu'il y a des difficultés chimiques dans l'explication de la manière dont le phosphate de chaux des os est dissout et absorbé par les racines des végétaux, puisque ce sel est totalement insoluble dans l'eau. Mais, heureusement pour la chimie végétale, notre ignorance de ses

mystères infinis et étonnants ne nous empêche pas de tirer
parti de ce que nous savons. On trouve dans les plantes
un grand nombre de substances, que l'eau dissout avec
une extrême difficulté, ou pas du tout.

La silice (pierre à briquet), l'alumine (argile), le sulfate
de chaux (gypse), et diverses autres substances insolubles se
trouvent constamment dans les graines, dans les tiges et
dans les feuilles des plantes. Et, quoiqu'on ne puisse pas
s'en expliquer la présence, ce n'est pas une raison pour
douter de la puissance merveilleuse que possèdent les racines des végétaux pour les absorber. Mais ces curieux phé-
nomènes ne se bornent pas à l'action des plantes sur des
substances insolubles; car, lorsque des sels sont dissous
ensemble ou séparément dans l'eau, l'action d'un végétal
placé dans la solution est presque aussi mystérieuse, car il
sépare les sels les uns des autres, absorbant l'un, rejetant
l'autre, ou absorbant simplement l'eau et laissant le sel
entièrement isolé d'une manière aussi surprenante qu'inex-
plicable.

Examinons les effets et les modes d'emploi des os pour
la fertilité de la terre, entiers, cassés, ou en poudre.

La société d'agriculture de Doncaster (en Angleterre), a
porté depuis longtemps son attention sur l'usage des os
comme engrais; et, dans un intéressant rapport sur le résultat de ses recherches, voici ce qui est dit :

« Les réponses reçues par la société établissent d'une ma-
« nière satisfaisante le grand prix des os comme engrais:
« nos correspondants s'accordent à dire que c'est un engrais
« très précieux et supérieur, sur des sols légers, au fumier
« de ferme et à d'autres engrais.

« En parlant des sols sablonneux secs, on exprime une
« opinion semblable.

« L'engrais par les os est le plus utile qui ait été décou-

« vert dans l'intérêt des fermiers. La facilité du transport et
« de son emploi, et ses propriétés générales fertilisantes, le
« rendent d'un avantage particulier pour les endroits où l'é-
« loignement des villes empêche de se procurer des engrais
« d'un fort poids et d'une grande masse ; » car, comme le dit
un fermier : « le transport de six, huit ou de dix charges par
« arpent n'est pas une petite dépense. L'usage des os diminue
« le travail à une époque de l'année où le temps est de la pre-
« mière importance ; car une charretée (ou cent vingt bois-
« seaux) de poudre d'os, équivaut à quarante ou cinquante
« charretées d'engrais de terre parquée ; sur une terre sa-
« blonneuse très légère, la valeur n'en saurait être estimée ;
« elle profite, non-seulement à la récolte particulière à la-
« quelle on l'applique, mais elle s'étend à toute la rotation
« des récoltes. »

Le rapport ajoute qu'on a reconnu la grande utilité des
os pour des sols de pierre calcaire, tourbeux et de terre
glaise ; mais sur des sols lourds, des sols argileux, ils ne
produisent aucun avantage.

La manière de les employer est de les semer à la volée ou
au moyen de la herse, naturels ou mêlés avec de la terre et
fermentés. Les os qu'on a fait fermenter sont bien supérieurs
à ceux en nature.

La quantité à employer par arpent est d'environ vingt-
cinq boisseaux de poudre d'os, ou quarante boisseaux d'os
cassés en gros morceaux. La poudre est meilleure pour
un résultat prompt ; les os cassés en morceaux d'un demi-
pouce pour une amélioration soutenue. M. Birks dit :

« Si je cultivais pour obtenir un prompt avantage, j'em-
« ploierais des os pulvérisés comme de la sciure de bois. Si
« je voulais tenir ma terre en bonne disposition, je me ser-
« virais d'os d'un demi-pouce, et en les cassant j'en laisse-
« rais de très grands. »

La raison en est évidente : plus les morceaux sont grands, plus la masse se dissout graduellement et plus lentement dans le sol.

Tel est le résultat de l'emploi des os dans le comté d'York. Dans celui de Middlesex, on opère différemment, comme on le verra par les réponses à quelques questions transmises à un correspondant intelligent :

1º Sur quelle espèce de sol doit-on employer la poudre d'os avec le plus grand avantage? Sur des sols légers et secs.

2º Quelle quantité par arpent? De vingt à vingt-cinq boisseaux.

3º Combien de temps a-t-on observé que dureraient ses bons effets? Cette question exige une réponse plus détaillée.

Les bons effets des os, comme engrais, ont été constatés par beaucoup d'agriculteurs depuis nombre d'années; mais comme les fermiers, généralement parlant, ne se soucient pas de se donner de la peine, et comme il était assez difficile de casser les os en morceaux assez petits pour empêcher les chiens et d'autres animaux de les emporter, nous ne pouvons citer que quelques exemples de leur bon effet. On cite un fermier qui cultivait depuis vingt ans sa terre avec des os entiers (à une époque où on les avait pour rien), et qui déclare que jusqu'à ce jour, pour employer ses propres expressions, « la terre ne les a jamais oubliés. » Il n'en retira, il est vrai, que peu de profit dans les premiers temps, ce qu'il attribuait à ce que les os étant si grands, la terre ne pouvait pas agir sitôt sur eux. La poudre d'os passe pour ne durer qu'une saison; dans les dimensions d'un demi-pouce, cela peut aller à deux ou trois ans, et l'on ne manque jamais de voir une grande amélioration après la première saison.

Quelle est la dépense? La poudre coûte environ 2 fr. 75 c., et en morceaux d'un demi-pouce 2 fr. 50 c. par boisseau.

Pour quelle saison et pour quelles récoltes l'emploie-t-on

généralement? Pour la saison des navets. L'engrais d'os se montre plus favorable pour cette récolte que pour toute autre. On se sert d'un semoir fait à cet effet pour la semence de navets; l'époque est de mai à juillet. La poudre d'os réussit très bien aussi pour les terres herbagères; on la sème à toute volée. On a vu des navets suédois récoltés sur des terres préparées avec de l'engrais d'os, qui valaient quatre fois ceux venus sur une terre fumée par les procédés ordinaires.

On peut dire que l'engrais d'os offre, à celui qui cultive un petit champ de pauvre terre, un moyen prompt et économique d'amélioration permanente de sa terre.

Tels sont quelques-uns des heureux essais des os employés pour engrais. La culture des navets a toujours été l'objet de nombreuses expériences, à cause de la difficulté de trouver pour cette précieuse récolte un engrais suffisant.

A l'égard d'autres récoltes, les soins et les peines nécessaires pour arriver avec exactitude à une expérience agricole comparative, doivent expliquer les rapports contradictoires qui ont eu lieu. Sur des terres herbagères, toutefois, on a employé cet engrais avec un succès général; mais pour les navets, sur de pauvres sols légers, il paraît être d'un prix incontestable. Il contribue, non-seulement à un admirable développement de la plante, mais il y a toute probabilité que les matières gazeuses dégagées par les os écrasés ou putréfiés, et la vigueur qu'il communique à la récolte, offrent aux jeunes plantes de navets une grande protection contre les ravages du puceron.

La pratique d'acheter de l'engrais pour la récolte de navets a introduit un système qui, pour des fermiers de pauvres sols légers, ne peut trop fortement être recommandé; celui d'acheter des engrais exclusivement pour leurs terres en jachère, et de réserver la plus grande partie de leur fumier de ferme pour leur grain, de sorte que la majeure partie de leur terre a un bon engrais tous les deux ans. Ce système est maintenant généralement adopté en Angleterre, comme le meilleur mode d'appliquer l'engrais.

L'engrais d'os est très favorable à l'herbe pour foin ou pâturage, et les herbages, par son emploi, ont été augmentés en qualité et en quantité. Les vaches qu'on y a fait paître sont devenues en meilleur état, et elles ont donné près du double de beurre de celles nourries dans des terres de semblable qualité, mais qui n'avaient pas reçu d'engrais d'os.

Ce qui doit nous occuper ensuite, c'est la manière dont on doit le mieux employer les os dans leur état naturel ou mêlés avec d'autres engrais ; on doit croire avec raison que les os ne sont pas un engrais jusqu'à ce qu'ils aient subi une certaine fermentation, après laquelle ils se décomposeront plus facilement.

On sait qu'une forte fermentation a lieu quand on les a fait bouillir : après avoir été mis en tas, les miasmes en sont très nuisibles, et c'est lorsqu'ils ont atteint cette mauvaise odeur, qu'ils sont très propres à servir d'engrais, car la décomposition a été activée par l'effet de l'ébullition, tandis que celle des os crus est beaucoup plus lente.

La supériorité d'un compost d'os et d'engrais, ou d'autres substances sur les os, employé simplement, a été admise par les premiers agriculteurs d'Angleterre.

L'on rapporte qu'il est d'usage de mêler cinquante boisseaux d'os avec cinq charretées d'argile brûlée pour chaque arpent, et c'est à cela que l'on attribue l'augmentation d'un cinquième en valeur des récoltes, à l'exception du trèfle. Un agriculteur dit que la moitié de la quantité accoutumée d'engrais devrait être mêlée avec des os, ou qu'il faudrait faire un compost avec quarante boisseaux d'os, cinq charretées d'engrais et une quantité suffisante de terre par acre.

et que l'effet en sera senti sur la récolte de blé la quatrième
année de l'assolement. Un troisième recommande vingt-cinq
boisseaux d'os d'un demi-pouce dans les sillons, et un compost de suie, de fiente de pigeon bien écrasée, de poudre de
colza et de cendres rouges d'herbes brûlées qu'on met en un
grand tas dans le champ en jachère ; un sac environ par
arpent assurera une bonne récolte de navets suédois, ou au
lieu du labourage à quatre façons, quelques charretées d'engrais bien fermenté. Un autre prétend que, lorsque les os
d'un demi pouce sont usés, il convient de mêler une portion
de poudre d'os ou de colza, ou de tout autre engrais léger
qui agit immédiatement après son application au sol, at-
tendu qu'il faut deux ou trois semaines pour que les os fournissent une certaine quantité de nourriture aux plantes.
Enfin un autre s'exprime ainsi :

« J'ai parlé d'un engrais mixte dont les os devraient être
« la partie principale ; j'ai réduit la quantité d'os pour la
« récolte de navets à quinze boisseaux par arpent, et pen-
« dant le temps que les moutons ont brouté ces navets, je
« leur donnais à chacun environ une demi-livre de tourteau
« de lin par jour. Cela a engraissé les moutons d'une ma-
« nière surprenante, et la récolte d'orge a été excellente. Je
« n'ai pas le moindre doute que la quantité d'orge obtenue
« en plus défraiera amplement la dépense de tourteau. On
« peut appeler cela un labourage mixte, qui, lorsqu'il con-
« siste en poudre d'os, de colza, de terre brûlée, de fiente de
« pigeon, offre plus de certitude de produire une bonne ré-
« colte de navets, qu'aucun de ces engrais employé seul. »

De pareils témoignages ne laissent aucune place raison-
nable au doute.

S'il est vrai que les parties constituantes de la terre soient
propres à la croissance d'espèces particulières de végétaux
et de grain, qu'y a-t-il de meilleur pour mettre ces parties

en action qu'un labourage mixte? Il est de toute évidence
aussi que le système de culture de la terre labourable doit
être souvent changé selon l'assolement, selon la quantité de
prairies artificielles, et même selon la nature du fumier.

Ceci est donc avéré :

1° Sur des terres sèches et sablonneuses contenant de la
terre calcaire, de la craie et de la tourbe, les os sont un engrais très précieux.

2° On peut en jeter sur l'herbe, et en retirer un bon effet

3° Sur des terres arables, on peut les employer sur des
jachères pour des navets ou pour toute récolte subséquente.

4° La meilleure méthode de s'en servir, lorsqu'ils sont en
gros morceaux, est préalablement de les mêler avec de la
terre, du fumier ou d'autres engrais, et de les laisser fermenter.

5° Employés seuls, on peut les mêler avec la semence ou
les jeter à la volée.

6° Les os qui ont subi la fermentation sont bien supérieurs à ceux qui n'y ont pas été soumis.

7° La quantité doit être de vingt-cinq boisseaux environ
de poudre, ou de quarante en morceaux, en l'augmentant si
la terre est appauvrie.

8° Sur des terres argileuses et lourdes, il ne paraît pas
que les os aient encore produit de bon effet.

Salpêtre et Nitrate de Soude. Ces deux sels, dont il convient d'examiner les propriétés fertilisantes, diffèrent de la
plupart des autres substances qui enrichissent le sol, en ce
qu'ils n'offrent pas à la culture ordinaire une certaine quantité suffisante d'ingrédients de substances végétales. L'explication de leurs bons effets, en commun avec ceux de divers autres sels, doit donc être recherchée ailleurs que dans
la cause de l'alimentation directe des plantes. Ils favorisent
toutefois la décomposition et l'absortion par la plante d'au

tres agents fertilisants, et ce n'est pas sans raison qu'on les a quelquefois appelés les stimulants du sol ou plutôt des récoltes de ce sol. L'emploi d'engrais salins donne lieu à nombre d'avantages sur lesquels le cultivateur porte trop rarement son attention. On les applique en quantités beaucoup plus petites que ceux d'autres substances fertilisantes ; et ce qui doit encore les recommander au cultivateur, c'est la facilité de leur transport.

Il n'y a peut-être pas de substance saline d'un prix moins incontestable, comme fertilisant, que le salpêtre (le nitrate de potasse des chimistes) ; mais, de même que tous les autres engrais, ses propriétés ne s'adaptent pas à tous les sols ; et, quoiqu'on l'ait appliqué dans la très petite proportion d'un quintal par arpent, au prix où il est ordinairement, cette petite quantité peut se trouver encore au-dessus des moyens ordinaires d'un fermier.

Cependant il est un mode de préparer un compost qu'il est au pouvoir de tout cultivateur de suivre ; par ce mode, dans des saisons chaudes et sèches, le salpêtre est produit d'une manière prompte et économique, et c'est tout simplement en mêlant dans des petits tas de terre des matières végétales susceptibles de se décomposer, comme des herbes, de la fougère, du gazon, de la tourbe, etc., et en laissant le mélange au sec pendant tous les mois d'été. De cette manière, le salpêtre se forme graduellement, surtout si le mélange est à l'abri de la pluie ; et l'on obtient encore plus de succès, si l'accès de l'air atmosphérique est favorisé en retournant une ou deux fois la masse, et en remuant à la fourche le dessus de temps à autre Plus le temps est sec et chaud, plus la production du salpêtre est rapide.

Le Salpêtre ou nitrate de potasse, lorsqu'il est pur, est composé de

Acide nitrique.	54	34 parties.
Potasse.	45	66
	100	**00**

Celui dont on se sert communément en Angleterre est une masse impure produite par les liqueurs mères, dont se servent les raffineurs de salpêtre. Il contient une grande proportion de sel commun : quant à la potasse, qui est la base du salpêtre, il est à peine nécessaire d'en parler : l'acide nitrique de ce sel est composé de :

Nitrogène ou azote.	25	93 parties
Oxigène.	74	07
	100	**00**

L'usage du salpêtre pour l'agriculture n'a pas été examiné avec autant de soin et aussi généralement qu'on aurait dû le faire, eu égard aux propriétés fertilisantes qu'on lui reconnaît depuis longtemps. Le prix a souvent été trop élevé, et c'est une raison pour ne pas s'étonner que l'emploi n'en ait jamais été très étendu, quoique sur quelques sols sa grande utilité soit incontestable. En effet, on a eu de fortes preuves de ses bons effets sur le blé, le trèfle et d'autres récoltes, et sur les plantes légumineuses dans des terres légères, sur le trèfle dans des terres fortes. Dans chaque cas, on a employé le salpêtre au mois d'avril, à raison de cent livres par arpent. L'effet en aurait probablement été augmenté, en n'employant que la moitié de cette quantité d'abord, et le reste quelques semaines après.

Nitrate de soude. Ce n'est que très récemment qu'on a essayé d'employer ce sel comme agent fertilisant, et les expériences faites jusqu'à présent promettent des succès. Pour quelques récoltes, telles que l'orge, les carottes, on l'a trouvé bien supérieur au salpêtre.

Ce sel, qui est composé de :

Acide nitrique. . . . . . . 62 1 parties
Soude 37 9
                              ____
                         100 00

se trouve dans les Indes orientales, et en plus grande quantité encore au Pérou.

Le nitrate de soude a généralement la forme de cristal cube ou rhomboïdal. Il a un goût plus amer que le salpêtre, et, exposé à l'air, il tombe légèrement en déliquescence. Ce sel est presque toujours présent dans l'orge, et par conséquent il doit être un aliment direct ou constituant pour cette récolte, et il existe probablement, mais en moindres proportions, dans d'autres plantes que l'on cultive communément.

Un fait digne de l'attention du cultivateur, c'est que le salpêtre produit le plus d'effets favorables sur l'avoine, lorsque la terre est dans un état d'humidité. Aucun autre sel n'est peut-être plus funeste aux insectes que le salpêtre et le nitrate de soude. C'est surtout contre toute espèce de crysalides qu'on peut l'employer; et, d'après ce que dit un célèbre agriculteur du comté d'Hertford, il y a tout lieu de croire que ce sel détruit même les vers blancs. Il rapporte qu'il avait semé du salpêtre avec avantage en mai, et qu'une fois il eut pour effet remarquable de tuer les vers blancs. L'orge avait une mauvaise apparence, et en peu de jours après y avoir semé du salpêtre, une ondée de pluie vint, et et tous les insectes moururent.

Le comte de Dacre, voulant s'assurer des effets du nitrate de soude, en employa pour le même prix entre des portions distinctes et égales de terre préparée avec du salpêtre (on sait que ce nitre est 30 pour cent meilleur marché que le salpêtre,: mais son régisseur lui assura qu'il n'y avait pas de différence sensible entre le produit du salpêtre et celui du nitrate de soude appliqués dans de telles proportions,

Sur des prairies artificielles, l'usage en a été également satisfaisant.

Le Comte de Zetland ordonna qu'on fît l'essai d'un tonneau de nitrate de soude sur des terres à blé, à navets et pré, à raison de 1 3/4 de quintal par arpent. Il pense qu'on s'y est pris trop tard pour le blé ; car, bien que la paille parût être plus forte, il n'y avait pas d'augmentation matérielle dans la quantité de grain, en établissant une comparaison avec des terres adjacentes qui n'avaient pas reçu cet engrais. Pour les navets, on n'obtint aucun succès; mais, pour les prairies artificielles, les effets furent étonnants. Dans l'espace de neuf à dix jours après l'emploi, l'herbe avait poussé d'un pouce où on l'avait semé ; et en fauchant le champ dont la surface se trouva être de quatre-vingt-dix mètres carrés, l'herbe qu'on enleva aussitôt pesait 210 kilos ; on mesura la même quantité prise sur le champ immédiatement contigu, qui n'avait pas été préparé avec du nitrate de soude, et la partie fauchée, pesée de la même manière, ne fut que de 108 kilos. La terre était absolument de la même quantité dans le même champ, dont toute l'étendue avait été également bien engraissée dans l'hiver avec du bon fumier de basse cour.

Le Comte de Zetland en fit faire l'essai ensuite sur diverses prairies artificielles, après que le foin en avait été enlevé, et l'effet en fut bientôt visible par une grande croissance du regain, et les bestiaux parurent le manger avec avidité.

La quantité nécessaire de nitrate de soude est d'un demi-quintal à deux quintaux par arpent. Le fermier intelligent jugera facilement par l'état de son champ, par l'apparence de sa récolte, de la quantité convenable qu'il faut mettre sans excéder la plus grande mentionnée.

La meilleure époque pour l'employer est après le 25 mars, aussitôt que la terre est assez sèche pour bien porter un cheval, et lorsque le temps est beau et qu'il l'a été depuis quelques jours, autant que possible, longtemps après et peu avant une ondée de pluie ; on peut aussi l'appliquer un mois après l'époque qui vient d'être indiquée avec succès.

Il faut le semer comme du blé, herser légèrement la terre ensuite si c'est pour du blé ; mais, pour de l'avoine, il ne faut rien faire. Si l'on veut semer du trèfle ou d'autres pâturages artificiels, on peut le faire en même temps qu'on sème le nitrate de soude, et les herser ensemble. Cette substance préservera les semences des attaques des mouches.

Le grain qui en profitera le plus est le blé, par la raison toute simple qu'une faible amélioration dans la récolte donne de grands résultats, les autres grains n'étant pas si chers. Le nitrate de soude est surtout utile au blé qui est avancé par suite d'un hiver doux ; du blé dans cet état réussit rarement sans quelque assistance ; il devient touffu et est généralement éparpillé. Dans ce cas, une forte quantité de nitrate de soude est nécessaire ; mais on ne doit pas l'appliquer avant que les *premiers symptômes* de mauvaise récolte ne se manifestent dans le blé.

L'avoine se trouve très bien aussi de l'application de ce sel ; et, après le blé, c'est le grain qui dédommage le mieux de cette dépense.

Il fait moins de bien à l'orge qu'à l'avoine.

Les fèves n'en retirent que peu de profit ; les pois de même.

La vesce en a profité beaucoup dans quelques cas, et peu dans d'autres ; on ne peut pas le recommander pour les navets, auxquels on ne l'a jamais vu appliquer.

Pour le trèfle, le bien qui peut en résulter ne paierait pas la dépense.

Pour les terres herbagères, la même remarque subsiste que celle qui a déjà été faite. Mais il est à propos d'observer qu'elle s'applique à des sols lourds et argileux.

Les témoignages unanimes des cultivateurs de terre légère prouvent que sur tous ces sols herbagers, le bon effet du salpêtre et du nitrate de soude est vraiment très grand.

Le sol le plus propre à l'application du nitrate de soude, est un sol humide, lourd, dur, en général un sous-sol argileux. Cependant, dans une terre libre, un mélange de sable et de terre glaise modérément secs n'a jamais manqué son effet.

Les sols à craie ne paraissent pas convenir à son application, non plus qu'une terre chaude et graveleuse. La terre apte à donner beaucoup de paille en proportion du grain est dans le même cas.

Tels sont les principaux faits déjà constatés à l'usage des nitrates de potasse et de soude comme engrais ; le cultivateur reconnaîtra dès-lors que deux autres grandes additions sont maintenant faites à son catalogue d'agents fertilisants artificiels. Il remarquera aussi que quelque doute qui existe quant à leur valeur pour les terres labourables, lourdes et argileuses, il n'y en a point pour les terres légères, sèches et élevées, et en outre que quelque divergence d'opinion qu'il y ait entre ceux qui les ont essayés avec soin sur le blé, et les récoltes printannières quant au montant de l'avantage, aucun fermier n'a cependant hésité à rendre témoignage de leurs effets prodigieux sur l'herbe. Il reste encore bien des choses à examiner : si, par exemple, une plus petite quantité par arpent, que ce qu'on a employé jusqu'à présent, ne réussirait pas également, soit dans leur état simple, soit mêlé avec d'autres engrais, avec des cendres ou du gypse, par exemple, quand c'est pour les herbages, soit mêlé avec une suffisante quantité de terre criblée pour en assurer la distribution uniforme quand c'est pour du blé.

Le Sulfate d'ammoniaque est un sel qui produit abondamment la liqueur ammoniacale des usines de gaz ; comme engrais, on l'a employé avec un grand succès à raison d'environ deux quintaux par arpent pour les terres herbagères et les sols légers, on s'en est servi avec avantage à la surface pour presque toute espèce de récoltes. Il en a été de même pour les fleurs et les végétaux, et particulièrement en solution pour arroser les géraniums, aussitôt qu'ils poussaient des boutons, qui sont devenus beaucoup plus grands et plus beaux. Des dahlias, sur de pauvre terre, ainsi arrosés, ont acquis le double de dimension de ceux plantés dans le même sol et arrosés en même temps avec de l'eau ordinaire. Voici quelle doit être la force de la solution recommandée pour arroser les plantes et les végétaux : une demi-once de sulfate d'ammoniaque dissoute dans quatre litres environ d'eau ; on ne doit se servir de cette solution qu'une fois sur six, c'est-à-dire qu'il faut arroser cinq fois avec de l'eau ordinaire et une fois avec de l'eau d'ammoniaque. Des pois de jardin, arrosés ainsi, ont donné de fortes récoltes, en résistant au temps sec, tandis que d'autres, sur le même sol et traités autrement, n'ont donné qu'un faible résultat et d'une qualité bien inférieure.

L'opinion s'est prononcée assez généralement depuis quelque temps en faveur d'expériences avec des engrais salins contenant du nitrogène, et l'on s'est appuyé sur ce que les propriétés fertilisantes de quelques engrais d'animaux et des sels de nitre, de potasse, de nitrate de soude et de sulfate d'ammoniaque, dépendaient de la proportion de nitrogène qu'ils contenaient. On a choisi un champ de blé, qui vers la fin d'avril 1842, présentait une faible plante ; les sels ont été

répandus à la surface à la main le 12 mai, et la récolte a été
enlevée le 10 août. Le sol était dans un état assez pauvre, et
voici les résultats obtenus :

1. Sans engrais, blé par arpent. . . . 706 kil. 50
2. 14 kil. de sulfate d'ammoniaque, id. . 806 — »
3. 70   id.   id.   999 — 50
4. 56 id. de nitrate de soude. id. . . . 952 — 50
5. 56 id. de nitrate de potasse. . . . . 945 — »

L'augmentation de la paille a été considérable aussi dans
tous les cas, excepté pour la petite proportion de sulfate
d'ammoniaque. L'augmentation totale dans les quatre récoltes aidées pas l'engrais, a été pour cent, dans l'ordre où
elles ont été énumérées : 14,01, — 41,15, — 34,00, — et
33,05. Il s'ensuit que l'augmentation du nitrogène dans la
récolte est plus grande que ne doit le faire supposer le nitrogène des engrais. ce qui prouve que ces engrais ont un effet
stimulant. ou qu'ils donnent aux plantes la propriété de retirer un surcroit d'aliment saturé de nitrogène du sol et de
l'atmosphère : supériorité considérable du sulfate d'ammoniaque sur les autres sels, et efficacité proportionnelle plus
grande d'une petite que d'une forte dose de ce sel. Il paraît
le plus convenable d'appliquer ce sel dans la proportion
d'environ 50 kil. par arpent en trois fois : la *première* quantité, quand le blé fait sa pousse au printemps, ou si c'est de
l'avoine. quand elle est sortie d'à peu-près deux pouces de
terre : la *seconde* environ un mois après, et la *troisième* lors
de la formation de l'épi. Pour obvier à la difficulté pratique
de distribuer une quantité aussi petite qu'un tiers de 50 kil.
sur un arpent. on peut y mêler environ le double de sel
agricole, ou de cendre avec du sel ammoniacal ; ces engrais
salins, employés à la surface. doivent être appliqués à la
plante après une ondée de pluie ou dans un temps brumeux.
lorsqu'elle est sèche.

Après vous avoir soumis tout ce qui me paraît de quelqu'importance sur la question des engrais de basse-cour et artificiels, je récapitulerai sommairement les principaux points qui peuvent être dignes de votre attention :

1º Couvrir la surface de la basse-cour de genêt, de fougère, de chaume sec, ou de tous autres résidus qui prennent le plus de temps pour se dissoudre, et mettre dessus une couche épaisse de paille;

2º Transporter de temps à autre les mangeoires des bestiaux dans différentes parties de la cour à paille, pour que leur fumier puisse être éparpillé, et que leur litière soit également foulée;

3º Etendre le fumier d'autres animaux, quand on le jette dans les cours, en couches égales de tous côtés;

4º Tenir le fumier dans un égal état d'humidité, afin d'empêcher qu'aucune partie du monceau ne s'échauffe par la fermentation. Si celle-ci était trop rapide, un fort arrosage abattra la chaleur, mais elle se renouvellera avec plus de violence, si l'on ne tasse pas le monceau fortement, ou si on ne le couvre pas avec de la tourbe pour exclure l'air;

5º Faire fermenter le fumier au degré convenable pour détruire les herbes et le rendre d'une application facile;

6º En étendre une plus grande quantité sur les terres froides et humides que sur celles d'une nature plus légère, parceque les premières veulent être corrigées par la chaleur du fumier, tandis que sur des sols secs et sablonneux l'application de trop de fumier peut brûler les plantes. Une terre dure sera amollie aussi par les fibres non dépéries de long fumier qui, bien que sa putréfaction soit ainsi retardée, de même que sa puissance fertilisante, finira par offrir de la nourriture;

7º Former des composts avec du fumier ou d'autres substances animales et végétales, et de la terre pour les appliquer à des terres légères ;

8° Étendre le fumier sur la terre quand on l'a transporté sur les lieux avec le moins de délai possible, et si la terre est arable, l'introduire immédiatement dans le sol ;

9° Empêcher le dessèchement des étables et des tas de fumier par tous les moyens possibles, et s'il n'est pas applicable dans un état liquide, le rejeter sur le mélange.

Les soins à donner à l'engrais de basse-cour sont, en effet, un sujet de plus grande importance qu'on ne se l'imagine généralement ; car c'est de sa valeur que dépend principalement le succès individuel, aussi bien que la prospérité nationale de l'agriculture. Sans s'arrêter à la discussion du mérite contesté du fumier frais ou fermenté, du fumier court ou long, que le fermier porte une attention scrupuleuse sur l'accumulation de la plus grande quantité qu'il soit en son pouvoir de se procurer.

L'importance qu'il y a à protéger le fumier contre le soleil, le vent et la pluie, peut être estimée par les calculs suivants de Koërte, fondés sur des expériences qui ont démontré que cent charretées de fumier frais, sont réduites, exposées aux influences de l'atmosphère, au bout de :

	charretées		charretées
81 jours à 73,03, ce qui donne une perte de	26,07.
254 — à 64,04.	—	33,06.
384 — à 62,05,	—	37,05.
493 à 47.02.	—	52,08.

Cette table est très instructive, et elle prouve évidemment la nécessité de se servir, aussi promptement que possible, du fumier frais pour les récoltes en racines, après quoi il sera encore dans la meilleure condition pour faire venir le blé.

La manière et le temps de s'en servir, dans l'un et l'autre

cas, doivent cependant être déterminés par des circonstances qui peuvent n'être pas toujours sous son contrôle, et tout agriculteur judicieux se soumettra plutôt à l'exigence du cas, que d'adhérer strictement à ses propres notions de ce qu'il conçoit être la meilleure pratique.

C'est peut-être ici le cas de citer le premier aphorisme de *Bacon*, dans son *Novum Organum* : « L'homme, serviteur et « interprète de la nature, ne peut rien faire ni rien com- « prendre au-delà de ce que, soit en agissant, soit en mé- « ditant, il a observé quant à la méthode et à l'ordre de la « nature. »

L'extrême bonté que j'ai toujours trouvée en vous, Monsieur le Comte, dans les efforts que j'ai pu faire pour l'amélioration de l'agriculture en France, me fait prendre un vif intérêt à de futures entreprises agricoles, et m'encourage à vous soumettre de nouvelles observations.

Je vais donc essayer d'ajouter quelques remarques sur « l'Augmentation de la profondeur des Sols. » Il n'y a peut-être pas de sujet en agriculture moderne aussi important dans ses résultats que celui d'approfondir le sol.

Au moyen d'une charrue fouilleuse, dont il existe plusieurs espèces, mais surtout de celle que M. Read vous a envoyée d'Angleterre, et pour laquelle il vous a été décerné une médaille d'or par le comice agricole de Seine-et-Marne, le sous-sol ou la croute inférieure de la terre, est seulement rompu et pulvérisé, à la profondeur de 14 à 18 pouces, sans être amené à la surface, ou mêlé avec le sol supérieur; et après un laps de 4 ou 5 ans, une portion de substratum, remué antérieurement, se trouve, par expérience, dans un état à être avantageusement (par le labour profond) amené à la surface, car il est alors, par l'action de l'atmosphère, et peut-être par un mélange partiel avec la terre végétale, rendu suffisamment maniable et fertile.

La charrue fouilleuse a été construite d'après les principes qui paraissent le mieux conçus pour rompre complètement le sous-sol, à une profondeur suffisante pour une bonne culture, c'est-à-dire de 14 à 18 pouces, tandis que le sol actif est toujours retenu à la surface ; pour être tiré le plus facilement possible en égard à la profondeur du sillon, et à la fermeté du sous-sol ; et pour avoir la force et le poids suffisants pour pénétrer dans les couches les plus dures, et résister aux chocs de pierres immobiles. Tout cela a été accompli et prouvé pratiquement dans diverses parties de l'Angleterre, de l'Ecosse et de l'Irlande. Cette charrue exige deux bons chevaux, un laboureur actif et un jeune garçon pour conduire les chevaux, et les diriger aux détours. Une charrue ordinaire, traînée par deux chevaux, fonctionne devant la charrue fouilleuse, frayant un large sillon du sol actif : la charrue fouilleuse la suit, tranche et rompt le sous-sol, et le prochain sillon du sol actif est renversé sur le dernier sillon ouvert du sous-sol ; les pierres amenées à la surface par la charrue fouilleuse étant jetées de côté sur la partie labourée de la terre par le jeune garçon, l'ouvrage marche ainsi jusqu'à ce que tout le champ ait été labouré. Le jeune garçon ferait bien de porter un sac de fiches en bois, afin de marquer les endroits où sont les grandes pierres fixes que la charrue ne peut pas déplacer, et qu'on enlèvera ensuite avec la pioche, ou que peut-être il faudra faire sauter.

Lorsque la terre a été bien desséchée, travaillée à fond et bien engraissée, le sol qui promettait le moins, devient fertile et rivalise avec la meilleure terre naturelle, et au lieu de ne produire que de misérables récoltes d'avoine, il donne de bon grain en abondance, sans compter les pommes de terre, les navets, de la betterave, des carottes et autres récoltes de ce genre, que tous les bons agriculteurs savent être les résultats des meilleurs engrais. Il n'est guère possible d'énumérer tous les avantages d'un sol sec et profond ; toutes les opérations en agriculture sont par là facilitées et à meilleur marché ; moins de semence et moins d'engrais produisent un effet complet ; et il n'y a pas à douter même que le climat sera bien amélioré en entretenant la terre dans cet état constant.

Dans ce cas, comme dans la plupart d'autres efforts nouveaux en agriculture, le zèle de ceux qui en sont les partisans, les a quelquefois entraînés trop loin ; ils ont été jusqu'à prétendre que dans un grand nombre d'endroits le labourage profond rendra le dessèchement inutile ; résultat dont ils n'auraient certainement pas eu la pensée, s'ils avaient réfléchi qu'en approfondissant le sol, bien que cela favorise l'absorption de l'humidité atmosphérique, les eaux stagnantes et autres qui se trouvent dans la terre ne peuvent s'échapper. Les objets qu'on doit se proposer d'atteindre par ces opérations sont, en effet, diamétralement opposés. L'un sert à augmenter l'approvisionnement graduel et salutaire de la nourriture et de l'humidité que la terre transmet aux racines, de la manière la plus conforme à ses habitudes. L'autre pratique a pour objet d'enlever cette humidité, lorsque par quelque cause que ce soit, elle devient trop abondante pour une bonne végétation ; et ce résultat ne peut être obtenu que dans des cas tout particuliers, par le simple usage de la charrue fouilleuse, et cela avec très peu d'extension, comme, par exemple, lorsque la croûte (ou sous-sol) est mince au point d'être complètement pénétrée par la charrue, et le sol supérieur amené ainsi, en rompant la croûte intermédiaire en contact immédiat avec une nature de terre ayant de plus grandes propriétés pour absorber l'eau, que la croûte qui jusqu'alors les avait séparés. L'usage de la charrue fouilleuse s'est

propage non-seulement en Angleterre, en Écosse et en Irlande, mais il a même été introduit dans les sols rebelles
des Indes occidentales, où il a parfaitement réussi pour des
terres légères, graveleuses et marécageuses.

On a souvent demandé s'il convenait de se servir de cette
charrue avant de dessécher. À cela on répondra que si la
terre est bien desséchée par la nature, en ce qu'elle repose
sur un fond graveleux ou sablonneux, alors on peut employer en toute sûreté la charrue fouilleuse ; mais si le fond
est argileux, ou un sous-sol dur retenant l'humidité, alors
on doit s'abstenir de faire usage de cette charrue avant que
la terre ait été desséchée ; car autrement elle ne servirait
qu'à agrandir l'espace qui retient l'eau. La charrue fouilleuse fait des merveilles pour des terres qui ont un sous-sol
poreux, même employée seule ; mais à moins que son
application sur des terres dures et humides ne soit accom-
pagnée de desséchement, elle les rend pires, en y retenant
l'eau qui autrement s'écoulerait à la surface.

Examinons d'abord quel est l'effet chimique de l'atmosphère sur le sous-sol rompu ; ensuite, comment la couche
inférieure est rendue ainsi plus serviable aux plantes qui
poussent sur elle. En entrant dans cet examen, je suppo-
serai ce qui est assez communément le cas, que la composition chimique du sous-sol, et celle du terreau à la surface,
est chimiquement à peu près la même, chacune contenant
de semblables proportions de silice, d'alumine et de carbonate de chaux ; que la surface possède seulement la plus
grande portion de restes organiques qui ont la propriété de
décomposer.

La présence essentielle de ces terres ou substances, dans
les récoltes communément cultivées, est d'une quantité
beaucoup plus grande qu'on ne se l'imagine, comme on le
comprendra par le résultat de l'analyse de deux livres de

chacune des graines suivantes, et de la même quantité de paille de seigle, les produits des terres et des oxides métalliques de chacune étant exprimés en grains. D'après ce petit tableau, le cultivateur ne peut pas manquer d'observer combien les terres sont absorbées par ses récoltes, et avec quelle rapidité elles lui sont enlevées par tous les végétaux cultivés.

	BLÉ.		SEIGLE.		ORGE.		AVOINE.		PAILLE DESEIGLE	
Silice.	13	2	15	6	66	7	144	2	152	0
Carbonate de chaux (craie)	12	6	13	4	24	8	33	75	46	2
Carbonate de magnésie. .	13	4	14	2	25	3	33	9	28	2
Alumine (argile) . . .	0	6	1	4	4	2	4	5	3	2
Oxide de magnésie. . .	5	0	3	2	6	7	6	95	6	8
Oxide de fer.	2	5	0	9	3	8	4	5	2	44

C'est par ces causes que les pays qui exportent du grain s'appauvrissent par le long épuisement de leurs substances organiques et terrestres qui sont enlevées avec leur grain ; c'est ainsi que la Sicile, naguère la plus fertile des possessions des Romains, le grenier de la Méditerranée, est maintenant pauvre et improductive.

Ces faits ne sauraient être médités avec trop de soin par les agriculteurs ; ils se rappelleront que quelque puissance qu'une plante possède d'eau absorbante et décomposante, de gaz de l'atmosphère, ou de ceux qui se dégagent pendant la putréfaction, de manière à former des substances purement végétales, pourtant les hommes les plus éclairés n'ont jamais pensé posséder la propriété magique par de telles combinaisons, de former les terres, les alcalis et les oxides métalliques qui sont aussi invariablement et aussi essentiellement les parties constituantes des plantes, que le carbone.

l'hydrogène et l'oxigène qui abondent dans tout le règne végétal. La première grande classe peut être absorbée, et elle l'est très certainement par l'atmosphère et par l'eau, et être formée en une nouvelle combinaison par quelque procédé mystérieux de la plante : mais les terres ne peuvent être absorbées que par le sol.

L'effet chimique, consistant à pulvériser et rompre le sous-sol est certainement avantageux à la plante de deux manières : d'abord, il rend le sol pénétrable à une plus grande profondeur par les racines ou par les fibres minces de la plante, et il le rend par conséquent plus favorable aux matières décomposantes ou aux ingrédiens terrestres que ce substratum peut contenir ; et, secondement, il rend le sol bien plus facilement pénétrable par l'atmosphère, procurant par conséquent, non-seulement une bien plus grande quantité de gaz oxigène aux racines des plantes, mais aussi plus d'humidité, non-seulement du sol, mais de l'air atmosphérique. humidité (que le cultivateur se le rappelle), dans tous les sens aussi incessamment susceptible d'être absorbée par le sol qu'elle est universellement contenue dans l'atmosphère, abondant le plus dans celle-ci, précisément aux époques où les plantes en ont le plus besoin, c'est-à-dire dans les temps très chauds et très secs : et les extrémités des racines sont ainsi bien plus à l'abri de l'influence dévorante des rayons du soleil. Cette propriété que possède le sol d'absorber l'humidité de l'atmosphère, et l'importance d'augmenter cette puissance en pulvérisant le sol, ne sont pas à beaucoup près aussi bien comprises que cela serait à désirer, quoique le fermier ait les moyens de s'en convaincre par les expériences les plus simples. C'est, à la vérité, une preuve presque infaillible de la valeur comparative des sols. comme l'a fait observer il y a longtemps Sir H. Davy :

« Le pouvoir qu'a le sol, dit ce grand chimiste, d'absor-
« ber l'eau par attraction adhérente, dépend en grande
« partie de l'état de division de ses parties : plus cet état
« est grand, plus la puissance absorbante est grande ; cette
« faculté d'absorber l'humidité de l'air se rattache intime-
« ment à la fertilité ; quand cette faculté est grande, la
« plante est entretenue d'humidité dans les saisons sèches,
« et l'effet de l'évaporation dans le jour est balancé par l'ab-
« sorption de vapeurs aqueuses de l'atmosphère par les par-
« ties intérieures du sol pendant le jour, et par les parties
« extérieures et intérieures durant la nuit. Les argiles dures
« approchant de la terre à pipe par leur nature qui ab-
« sorbe la plus grande quantité d'eau quand on la verse
« dessus dans l'état fluide, ne sont pas les sols qui pompent
« le plus d'humidité de l'atmosphère dans un temps sec ;
« elles se coagulent et ne présentent qu'une petite surface
« à l'air, et la végétation sur elles est généralement dessé-
« chée presque aussi promptement que sur les sables. Les
« sols qui fournissent le plus d'eau aux plantes par l'ab-
« sorption atmosphérique, sont ceux où il y a un mélange
« bien fait de sable, d'argile bien divisée et de carbonate de
« chaux, avec quelque matière animale ou végétale, et qui
« sont peu serrés et légers. A cet égard, le carbonate de
« chaux et la matière animale et végétale sont d'un grand
« avantage pour ces sols ; ils leur procurent une puissance
« d'absorption, sans leur donner de tenacité ; le sable, qui
« détruit aussi la tenacité, donne au contraire peu de puis-
« sance d'absorption. »

Cette puissance d'absorber l'humidité atmosphérique n'est
pas seulement une propriété inhérente à tous les sols fertiles,
propriété augmentée avec leur profondeur et par leur pul-
vérisation, mais elle existe à un degré encore plus remarquable dans les engrais communément employés, et cela

aussi dans une proportion à peu près égale à la valeur qui
lui est assignée. Voici les résultats de quelques expériences
faites à ce sujet : 1,000 parties de crottin de cheval, séché à
une température de 100°, ont absorbé, après avoir été exposées pendant trois heures à l'air saturé d'humidité à 62°,
145 parties ; — 1,000 parties de bouse de vache, dans les
mêmes conditions, ont absorbé 130 parties ; — 1,000 parties d'excréments de cochon en ont absorbé 120 ; — 1,000
parties de crotte de mouton, 81 ; — 1,000 parties de fiente de
pigeon, 50 ; — 1,000 parties d'un sol riche, ont absorbé
15 parties.

Cette puissance attractive des terres et des engrais, pour
l'humidité de l'atmosphère, est un des faits les plus importants qui doivent fixer l'attention du fermier, quand il songe
à pulvériser et approfondir son sol.

La quantité d'eau consommée par les plantes, dans un
état de salutaire végétation, est en effet si grande, que, sans
le constant approvisionnement fourni d'une manière imper-
ceptible par l'atmosphère, la végétation cesserait promptement, ou elle ne serait entretenue que par des pluies inces-
santes. Ainsi, le docteur Hales a reconnu qu'un choux transmet dans l'atmosphère, par la vapeur qui s'en échappe
d'une manière insensible, environ la moitié de son poids
d'eau journellement ; et qu'un tournesol de trois pieds de
haut en rendait, dans le même espace de temps, près de
deux livres. Le docteur Wodward a trouvé qu'une plante
de menthe pesant 27 grains, en 77 jours, avait donné
2,543 grains d'eau ; qu'une tige de solanum (espèce de
pomme d'amour), pesant 49 grains, en avait produit 3,708
grains.

Il est presque inutile de dire que les racines des plantes
communément cultivées pénétreront, dans des circonstances
favorables, à de plus grandes profondeurs dans le sol, cou-

rant, pour ainsi dire, à la recherche de l'humidité, qu'elles ne pourraient, par la résistance du sous-sol endurci, y atteindre communément. Ainsi on a vu les racines du blé, dans des sols profonds et peu serrés, descendre à une profondeur de deux ou trois pieds et même plus ; et il est évident que, si des plantes sont principalement maintenues dans un temps sec par la vapeur aqueuse atmosphérique absorbée par le sol, cette quantité doit alors nécessairement être augmentée, en donnant à la vapeur atmosphérique et au gaz, ainsi qu'aux racines des plantes, la facilité d'atteindre à une plus grande profondeur ; car l'intérieur d'un sol bien pulvérisé (qu'on se le rappelle), continue d'absorber régulièrement l'aliment essentiel des végétaux, même lorsque la terre se dessèche au soleil.

Dans une communication très récente à la Société royale d'Agriculture, en Angleterre, un des membres s'est exprimé ainsi :

« A mon arrivée, dans le but de résider sur ma propriété,
« il y a environ six ans, je trouvai cinq cents arpents de terre
« de bruyère, composant deux fermes, sans locataires ; le
« genêt, la bruyère et la fougère poussaient de toutes parts.
« Enfin, la terre était dans un tel état, que les récoltes ne
« rendaient pas le grain qu'on avait semé. Le sol était lâche
« et glaiseux, et n'avait pas été labouré à profondeur de plus
« de quatre pouces ; au-dessous était une couche si dure,
« que, dans beaucoup d'endroits, la pioche n'entrait qu'avec
« difficulté ; et mon régisseur, qui administrait depuis
« trente-cinq ans, me dit que les terres ne valaient pas la
« peine d'être cultivées, que tous les fermiers des environs
« en disaient autant, et qu'il n'y avait qu'une chose à faire,
« planter des pins et d'autres arbres employés pour les fo-
« rêts ; mais je fis peu d'attention à ce qu'il me disait, car
« l'année précédente j'avais donné quelques pièces de terre

« prises dans les terres adjacentes, à quelques paysans, à
« chacun environ un tiers d'arpent. Les récoltes sur tous ces
« petits terrains paraissaient belles, saines et bonnes, pro-
« duisant d'excellent blé, des carottes, des pois, des choux,
« des pommes de terre et d'autres végétaux en abondance. La
« question était donc de savoir comment cela se faisait. Hors
« de ces terrains tout était stérile. La cause ne pouvait pas
« être l'engrais qui y avait été mis, car les chaumières n'a-
« vaient que ce qu'elles ramassaient sur les routes. Je ne
« pouvais attribuer la magie de tout cela qu'à la bêche, qui
« avait pénétré jusqu'à dix-huit pouces de profondeur.
« Quant à défricher cinq cents arpents à la bêche, à la pro-
« fondeur de dix-huit pouces, en faisant une dépense de
« 500 francs par arpent, je ne me souciais pas de l'essayer.
« Je pensai donc qu'on pourrait construire une charrue re-
« muant le sol à dix-huit pouces de profondeur, conservant
« la meilleure terre à quatre pouces de profondeur et près
« de la surface, laissant ainsi recevoir l'air et l'humidité aux
« racines des plantes, et leur donnant la faculté d'étendre
« leurs fibres à la recherche de la nourriture ; car l'air, l'hu-
« midité et de l'espace sont aussi nécessaires au développe-
« ment des végétaux qu'aux animaux. Cette tentative a
« réussi, comme le résultat le fera voir. J'ai défriché les
« cinq cents arpents à dix-huit pouces de profondeur : j'ai
« fait marcher une charrue ordinaire, attelée de deux che-
« vaux, qui retournait la terre à la profondeur de quatre
« pouces : une charrue fouilleuse est venue ensuite parcou-
« rant le sillon fait, traînée par quatre chevaux, remuant et
« rompant le sol à dix ou quatorze pouces de profondeur,
« mais sans le retourner. Par fois le sous-sol était si dur que
« les chevaux étaient arrêtés court, et il fallait recourir à la
« pioche pour les aider à repartir. Après la première année,
« la terre produisit le double des anciennes récoltes : bon

« nombre de carottes avaient seize pouces de long, et elles
« étaient grosses en proportion.

« Il est à propos de faire remarquer que cette terre n'avait
« pas reçu d'engrais depuis des années, qu'elle était épuisée,
« et qu'elle ne pouvait être améliorée que par l'admission de
« l'air et de l'humidité au moyen d'un labourage profond
« Cette année le blé a la plus belle apparence, les épis sont
« gros et pesants, la paille est longue, et je m'attends à ce
« qu'on récoltera de trente-quatre à trente-six boisseaux
« par arpent. »

Dans une lettre adressée à la même société, en janvier
1840, sir James Graham, ministre de l'intérieur, en Angleterre, dit :

« Dans une communication que je vous ai faite en janvier
« dernier, je faisais mention d'un champ de huit arpents de
« terre pauvre et humide, dans laquelle on avait placé des
« tuyaux de dessèchement dont j'avais fait labourer la moitié
« à dix pouces de profondeur, par deux charrues allant à la
« file ; l'autre moitié fut labourée avec la charrue fouilleuse
« suivant une charrue ordinaire, à quinze pouces de pro-
« fondeur. Sous tout autre rapport, ce champ reçut le même
« traitement partout ; j'ai rapporté que la récolte de pommes
« de terre avait donné douze tonneaux par arpent, et qu'elle
« était à peu près égale dans les deux parties du champ ;
» mais que, dans le courant de l'hiver, la partie où on avait
« fait usage de la charrue fouilleuse m'avait paru plus souple
« et plus sèche. Au printemps, le fermier y sema de l'avoine
« et de l'herbe sous la direction de mon agent. La quantité
« de semence et le traitement général furent les mêmes.
« L'été fut d'une humidité peu ordinaire, et cependant la
« récolte fut excellente, et l'herbe de la plus belle apparence.
« Un quart d'arpent fut mesuré exactement sur la partie
« du champ où l'on s'était servi de la charrue fouilleuse ; le

« produit en fut récolté séparément à la main, et il donna
« treize boisseaux impériaux, ce qui égale dix-huit hecto-
« litres.

« Un autre quart d'arpent fut mesuré sur la portion
« du champ, où l'on s'était servi de la charrue ordinaire,
« et où le sous-sol avait été ramené en haut. Ce terrain
« produisit onze boisseaux impériaux d'avoine ou quinze
« hectolitres.

« Ainsi la quantité de grain produite par la terre, où
« l'on avait fait usage de la charrue fouilleuse, est d'un
« sixième de plus que celle de la terre labourée par l'autre
« procédé.

« L'année suivante m'a confirmé dans mon opinion sur
« l'excellence de la charrue fouilleuse. J'ai la certitude que
« l'usage n'en est pas moins applicable à la terre sèche qu'à
« la terre humide. Sur cette dernière, elle active et assure
« l'opération des tranchées ; et sur toutes les terres, en
« amollissant la couche inférieure, elle ajoute à la profon-
« deur effective du sol, ce qui contribue à augmenter la
« nourriture de la plante : les racines pénètrent davan-
« tage, et une température plus fertile est également entre-
« tenue au dessus de la surface pendant toute l'année. Si
« je ne me trompe pas, on reconnaîtra que ce système de
« labourage profond n'est pas moins favorable aux terres
« argileuses dures, qu'aux terres sablonneuses.

« De cette manière j'ai plus que doublé le produit de
« sols faibles, imprégnés de craie et graveleux, et le béné-
« fice reste : telles sont les opérations que j'ai dirigées depuis
« douze ans, d'une manière étendue, et sur divers sols et
« dans différentes situations, avec les résultats les plus
« favorables. »

Il est toujours satisfaisant de voir les observations du
fermier confirmer les expériences du chimiste, et constater

que lorsque les sols sont réduits, à l'aide du labourage, à un état tel que l'atmosphère peut librement les pénétrer, alors la surface du sous-sol devient fort promptement très humide, et reste dans cet état pendant les temps les plus chauds. Plus le sol est bien divisé, plus la surface de la couche inférieure contracte d'humidité permanente.

Tels sont les avantages qu'on peut raisonnablement retirer du système de labourage profond, avantages qui, pour la plupart des sols, doivent être plus ou moins facilement à la portée du cultivateur. Celui-ci possède aussi le grand avantage d'améliorer la terre par ses propres ressources. Le fermier n'a qu'à se prévaloir des progrès que la construction perfectionnée des instruments aratoires offre aujourd'hui pour son service. Le travail par lequel on améliore la contexture du sol est défrayé par un grand avantage permanent : Il faut moins d'engrais, et sa fertilité est assurée ; l'argent dépensé de cette manière garantit à jamais la production, et par conséquent la valeur de la terre. Il est de la plus grande importance de se procurer des fonds pour les placer sur la terre jusqu'à présent moins bien cultivée que cela n'eût été autrement, les faibles moyens du fermier ne lui permettant de rien entreprendre pour son amélioration, quand bien même son désir l'y porterait.

Mais peut-on espérer voir ces fonds se diriger vers la terre ? Peut-on s'attendre à ce que ceux qui les possèdent, grâce à leur talent et à leurs connaissances, les confieront à ceux qui n'ont que de faibles notions des obligations de leurs besoins ? Ce cri continuel de plaintes et de détresse contre les temps, trop souvent occasionné par notre propre négligence ou notre aveuglement, a été une entrave constante à cet objet essentiel ; et lorsque chaque jour crée de nouveaux projets pour l'emploi de capitaux surperflus dont on obtient un bon intérêt avec une grande difficulté,

il est profondément à regretter que le développement crois-
sant des moyens agricoles de ce pays ne les dirige pas vers
une source si légitime de richesse et de bonheur national.

Avec du talent et de l'industrie on peut obtenir de la terre
d'amples retours. Les loyers payés aujourd'hui ne forment
qu'une faible partie des difficultés du fermier, ou de charges qui pèsent sur lui : mais, dans l'état actuel des choses,
avec le peu d'éducation qui existe et le dénuement de renseignements où se trouvent les fermiers, avec des capitaux
insuffisants et une population croissante, circonstances qui
aggravent leur condition (à moins qu'on ne prenne des me-
sures pour améliorer l'instruction, qu'on n'avise à des
moyens pour prouver que de vastes portions de terre, dans
ce pays et ailleurs, peuvent servir à dédommager amplement de l'argent dépensé), il est trop à craindre que les capitaux ne soient retirés et qu'une plus grande détresse ne
s'en suive : et le sol, à présent la principale source pour-
voyant à nos besoins et à nos nécessités, sera regardé
comme un placement funeste exposant à la ruine et à la
misère ceux qui le possèdent.

Croirait-on, de notre temps, que la simple connaissance
de la manière de labourer et d'ensemencer, qu'un simple
aperçu de la culture de la terre, que la facilité de savoir faire
une meule de blé, ou charger une voiture, et les vieilles
règles transmises de père en fils, avec une éducation qui
consiste à savoir lire et écrire, sont tout ce qu'on exige, dans
ce siècle, pour qu'un homme soit en état de remplir les obligations qu'il a contractées comme fermier ? Avec un esprit
rétréci par les habitudes dans lesquelles il a été élevé, comment pourrait-il puiser des renseignements sur des sujets
agricoles dans les écrivains pratiques du jour, examiner les
théories publiées, et les appliquer à sa condition ? L'éducation imparfaite est ordinairement suivie du dégoût pour l'é-

tude et les perfectionnements ; les vieilles habitudes *du coin du feu* l'emportent et les préjugés triomphent. C'est donc un devoir impérieux pour ceux à qui leur influence et leurs connaissances en donnent le pouvoir et l'opportunité, d'aviser aux moyens de mettre à même les fils de la génération actuelle de fermiers d'obtenir un accès plus facile auprès de ces sources de renseignements si nécessaires pour mieux accomplir leurs devoirs, et faire avancer l'art qu'ils pratiquent ; et comme le progrès marche, comme le développement des connaissances augmente, ainsi le champ des nouvelles améliorations s'élargit.

J'ajouterai, en terminant, que c'est seulement par la coopération éclairée et généreuse de toute les personnes intéressées à cette grande branche d'entreprise et de prospérité nationale, que la véritable économie en agriculture peut être finalement obtenue, et qu'elle peut maintenir ainsi sa juste position dans toute la France.

Tel est, Monsieur le Comte, mon sincère désir et mon but, et dans l'espoir que vous surmonterez tous les obstacles contre lesquels vous pourrez avoir à lutter dans le cours de vos opérations agricoles,

J'ai l'honneur d'être,

Monsieur le Comte,

Votre tout dévoué serviteur,

Th. J. Thackeray.

Paris, le 5 juin 1847.

TABLE DES MATIÈRES.

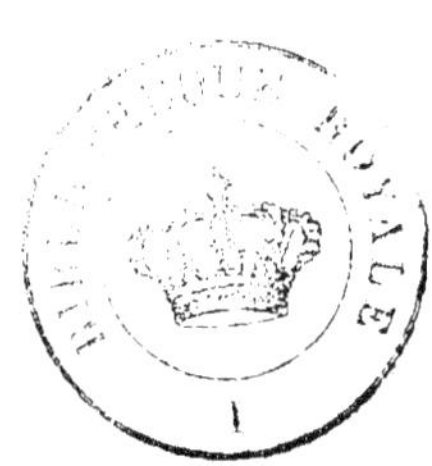

FIN.